機能性ゲルとその応用

廣川能嗣・伊田翔平 著

米田出版

まえがき

　ゲルとは、分子の三次元網目の中に水や油などの流体を含んでいるものの総称である。温度変化や光の照射など外的な刺激に応答して、ゲルはその体積を変化させる。このような性質を持つゲルはいわゆる"機能性材料"とみなされる興味深い材料である。そこで、このようなゲルというものをどのように捉えて理解すればよいかを、できるだけ平易に示したのが本書である。

　われわれの身の回りには多くのゲルがある。身近な例として、日常生活でよくお目にかかる豆腐やこんにゃく、ゼリー、寒天、ところてんなどがある。しかし、ゲルはこのような食品分野に留まらず、広くいろいろな分野に関係している。土木建築分野(凍結防止剤やシーリング材など)、日常生活分野(紙おむつなどの高吸水性樹脂、保冷剤、保水剤など)、農業分野(土壌保水剤や育苗シートなど)、化学工学分野(分離濃縮材、イオン交換樹脂やシリカゲルなど)、医学薬学分野(ソフトコンタクトレンズや湿布剤、ドラッグデリバリーシステムなど)、ライフサイエンス分野(細胞や粘膜、神経伝達など)など数え上げれば切りがない。

　このことは、ゲルという言葉を意識しなくても、さらには、ゲルという言葉を知らなくても、生活のどこかでお世話になっていることを示している。では、なぜゲルがこのように多種多様な分野に関連しているのであろうか。そこにはゲルの持つ共通性があるからと考えられる。

　本書では、このような多岐にわたる分野に関連したゲルを理解するために、主にビニル化合物から得られるゲルを取り上げて解説した。その道案内として、ゲルの三大構成要素である「網目鎖」、「架橋点」、「流体」を縦軸とし、ゲルの「合成」、「性質・機能・応用」、「構造」を横軸として説明するように努めた。そこで、本書では、ゲルというものに少しでも興味を持ち、ゲルが示す特性や機能性を理解しようとする読者のために、第1部と第2部の構成とした。

本書は、まず第1部でゲルの基礎的知見を養っていただくように、ゲルとはどのようなものであるかを解説し、次に、その考え方のポイントについて説明した。また、ゲルサイエンスの成り立ちについて、その基礎となる科学の成り立ちとともに歴史的に順を追って説明した。第1部では、ゲルを見るには、単に合成の側面から、あるいは、性質の側面からだけでなく、多面的な側面から眺めることが必要であることを理解していただきたい。次に第2部では、道案内のキーワードである「網目鎖」、「架橋点」、「流体」に分けて、ゲルの「合成」、「性質・機能・応用」、「構造」と関連付けて、できるだけ平易に説明した。特に、ゲルの合成については詳しく説明を加えたが、この点を理解しておくことは、ゲルの構造と性質を理解する上で大変重要と考えたからである。また、ゲルの構造については、ゲル特有の三次元網目の観点から説明し、それを分解して分析しても、ゲルについての理解は進まないことをご理解いただきたい。

　また、できるだけ数式を使わないように説明したが、第6章のゲルの理論的な取り扱いのところは、止むを得ず数式を用いた。しかし、数式を理解するよりは、その式をもとに描かれた一連のゲルの膨潤曲線と相図を理解することが重要であるので、ぜひ、数式にだけこだわらないようにお願いしたい。

　本書の読者としては、高校から大学で習う程度の化学と物理の知識を持っていることを前提にしている。したがって、ゲル研究を志す大学生や大学院生のみならず、他分野の学生・大学院生をはじめ、できるだけ広い分野の方々にお読みいただき、お役に立てていただければと願っている。

　最後に、本書をお読み下さった方々が、ゲルに、さらに興味を持ち、周りの方々へもゲルの面白さを語っていただければ、筆者の望外の幸せである。

廣川能嗣
伊田翔平

目　　次

まえがき

第 1 部　ゲル概論
第 1 章　ゲルとは何か …………………………………………………………… 3

第 2 章　ゲルの考え方 ……………………………………………………………… 9
2.1　ゲルの分類　9
2.2　網目鎖　11
2.3　架橋点　12
2.4　流　体　14
2.5　三次元網目　15

第 3 章　ゲルの歴史 ……………………………………………………………… 19

第 2 部　ゲルの構成要素と機能
第 4 章　網目鎖 …………………………………………………………………… 27
4.1　網目鎖によるゲルの分類　27
4.2　温度応答性ゲル　29
4.3　温度応答性ゲルの利用例：アクチュエータとしての応用　33
4.4　温度応答性ゲルを用いた細胞シート作製　34
4.5　温度応答の高速化　36
4.6　応答温度の制御　38
　　4.6.1　置換基構造の違いによる応答温度の制御　38
　　4.6.2　共重合による温度応答性ゲルの応答温度の制御　39

4.6.3　親水性モノマーと疎水性モノマーの共重合による温度応答性ゲル　40

4.6.4　温度応答性共重合ゲルにおける非線形的な応答温度の変化　42

4.7　自励振動ゲル　43

4.8　刺激応答性ゲルの展開　45

 4.8.1　溶媒組成に応答するゲル　46

 4.8.2　pH応答性ゲル　47

 4.8.3　電場応答性ゲル　49

 4.8.4　光応答性ゲル　51

参考文献　52

第5章　架橋点　53

5.1　架橋点の分類　53

5.2　化学ゲルの合成法　55

5.3　ラジカル重合　56

 5.3.1　ラジカル重合の特徴　56

 5.3.2　ラジカル重合の反応機構　58

5.4　ラジカル共重合　61

5.5　ジビニル化合物を用いた架橋　64

5.6　リビングラジカル重合を用いたゲルの合成　69

5.7　後架橋法によるゲルの合成　76

5.8　物理ゲル　82

5.9　トポロジカルゲル　85

5.10　機能性架橋構造を有するゲル　88

 5.10.1　ナノコンポジットゲル（NCゲル）　89

 5.10.2　アクアマテリアル　90

 5.10.3　ダブルネットワークゲル（DNゲル）　92

 5.10.4　テトラ-ポリエチレングリコールゲル（Tetra-PEGゲル）　94

5.11　インプリントゲルによる分子認識　*95*
　　参考文献　*96*

第6章　流　体 ………………………………………………………*99*
　6.1　ゲルの膨潤度を決める浸透圧　*100*
　　　6.1.1　架橋点間の網目鎖が示すゴム弾性による圧力　*101*
　　　6.1.2　三次元網目と液体との相互作用による圧力　*103*
　　　6.1.3　三次元網目上に存在する解離したイオンによる圧力　*104*
　　　6.1.4　三次元網目と液体の混合エントロピーによる圧力　*105*
　6.2　ゲルの状態方程式と相図　*106*
　6.3　ゲルの膨潤と収縮　*110*
　6.4　ゲルの膨潤度変化の速さ　*111*
　6.5　イオン液体を溶媒に用いたゲル　*111*
　6.6　ゲル内部空間の利用　*114*
　　　6.6.1　物質の取り込み　*114*
　　　6.6.2　反応場としての利用：金属微粒子の調製　*116*
　　　6.6.3　触媒の担持　*118*
　　参考文献　*120*

第7章　サイズと構造 …………………………………………*121*
　7.1　ミクロゲル　*121*
　7.2　光をコントロールするゲル　*125*
　7.3　ゲルの内部構造　*130*
　　参考文献　*135*

あとがき　*137*
略語インデックス　*139*
事項索引　*141*

機能性ゲルとその応用

第1部　ゲル概論

第1章　ゲルとは何か

第2章　ゲルの考え方

第3章　ゲルの歴史

第1章　ゲルとは何か

　ゲルを身近な言葉で表現すると、「水を含んで"ぶよぶよ"するもの」であろうか。われわれの身の回りに水を含んで"ぶよぶよ"するものを探してみると、多種多様なものがある。すぐに思いつくものを図 1-1 に示した。こんにゃく、豆腐、ゼリー、心太（ところてん）、茹で卵、なめこの外側などは、水を含んでぶよぶよしている食品である。しかし、これらの食品は同じように水を含んでいても、その見かけや食感が大きく異なり、歯応えや舌触りなどそれぞれの食品の持ち味を演出し、われわれの味覚を楽しませてくれている。

　工業製品にも多くの種類のゲルが利用されている。イオン交換樹脂はイオン解離基を持つ高度に架橋されたゲルであり、水に溶けている金属イオンを除くために用いられる。また、自転車や自動車、航空機のタイヤは、天然ゴ

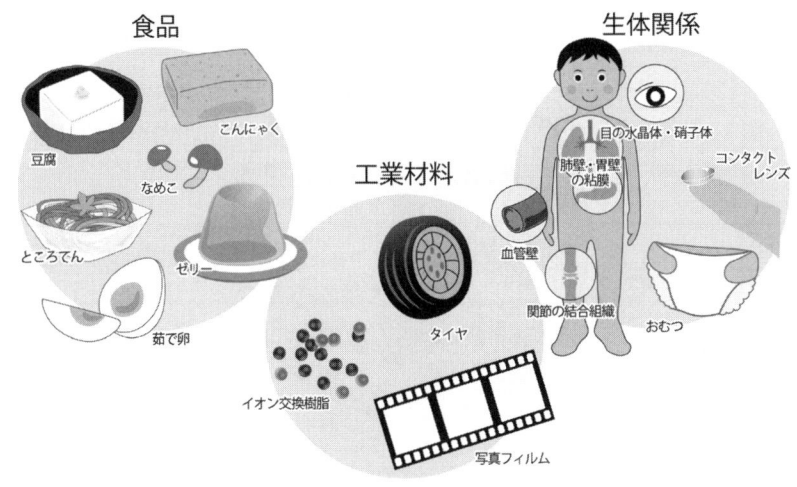

図 1-1　ゲルのいろいろ

ムや合成ゴムにオイルやカーボンブラックを添加したものであり、ゲルの一種と見なされる。デジタルカメラに取って代わられ、今日ではあまり見ることがなくなった銀塩写真に用いられる写真フィルムにもゲルは使われている。そのゲルはゼラチンであり、フィルム上に塗布されたゼラチンの中に閉じ込められた臭化銀が光反応を起こして撮影された像を記録する。

　われわれの身体の中にもこのような水を含んでぶよぶよしたものが多く見つけられる。眼球の水晶体や硝子体は水を含んでぶよぶよと軟らかく変形可能であり、小さな筋肉によって変形させ焦点距離を容易に変化させることができる。医療用品のコンタクトレンズは、開発当初、水を含まないポリメチルメタクリレートなどの樹脂製であったが、角膜に十分な酸素を供給する必要性から、樹脂中に水を含むソフトコンタクトレンズが開発された。これは、水に酸素がよく溶解することから、水を含むソフトコンタクトレンズは酸素を容易に溶解・透過し、角膜に必要な酸素を供給することができるためである。また、胃壁の表面には水を含んだ粘膜層があり、強酸の胃酸から胃の組織を守る重要な役割を果たしている。日常生活品である赤ちゃんやシルバー世代用の紙おむつには高吸水性樹脂が使われており、尿を吸収することによ

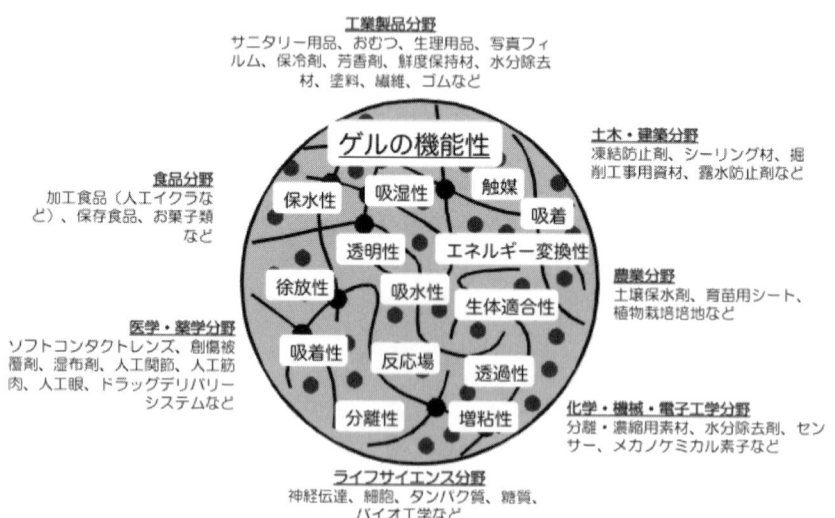

図1-2　ゲルの機能性と応用分野

りぶよぶよとしたものへ変化する。このとき、高吸水性樹脂は尿のタンクの機能を果たすこととなる。

このように水を含んで"ぶよぶよ"しているゲルは、その多岐にわたる性質や性能・機能を活用して、われわれの生活のいろいろなところに利用されている。その代表的な例を図1-2に示した。

それでは「ゲル」はどのようにできているのであろうか。「ゲル」を岩波理化学辞典で引くと、「ゾルがゼリー状に固化したものをいう。多量の液体成分あるいは空隙を含むことが多いが、系全体にわたる支持構造を持ち、その形状を保つ」と記載されている。歴史的には、ゲルの科学は、コロイド粒子が凝集するコロイド系において始まった。タンパク質のコロイドである豆乳に、硫酸マグネシウムを主成分とする"にがり"を添加して豆腐ができる。この現象は、コロイド状のタンパク質分子がマグネシウムの2価のカチオンによって橋架けされたことによって固化し豆腐となったと考えられる。

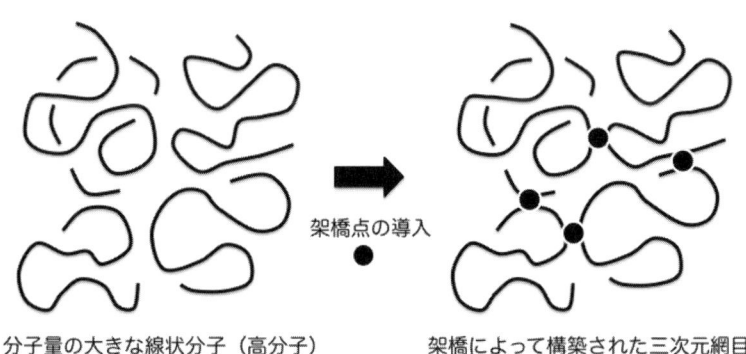

図1-3　三次元網目鎖の構築

そこで本書では、簡単にゲルを、「分子の糸から構成される三次元網目の中に、流れることができる物質（流体）が閉じ込められたもの」と考えることとする。豆腐の場合、三次元網目はタンパク質であり、流体は水となる。一般的に、三次元網目は、図1-3に示されるように、分子量の大きな線状の分子（高分子）が架橋されることによって構成され、また、流体は、水や油などの液体や空気などの気体である。例えば、図1-4に示すように、児童公園

第1章 ゲルとは何か

図1-4 子供が遊ぶジャングルジム

にあるジャングルジムの中で多くの子供たちが遊ぶような状態であり、ジャングルジムが三次元網目であり、その中で遊ぶ多くの子供たちが流体分子である。

ジャングルジムではその三次元網目は鋼鉄製のため、子供がいなくなっても形状は全く変化しない。しかし、寒天、ゼラチン、豆腐、こんにゃくなど水を含んだゲルの場合は、図1-5に示すように網目鎖が多糖類やタンパク質などの天然高分子で構成され、その中に水が保持されなくなれば、その広が

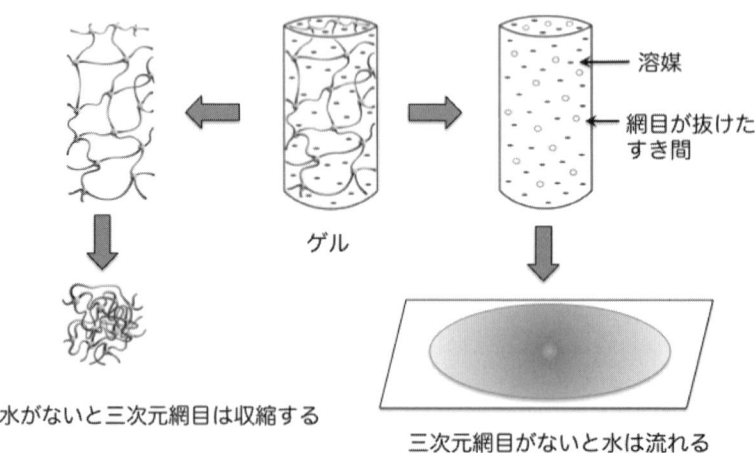

図1-5 三次元網目と水との関係

りを保持できず、小さな塊の固体となってしまう。一方、水は三次元網目がなければ流れてしまいその形状を保持することができない。すなわち、三次元網目は水の流動性を抑え、また、水は三次元網目の広がりを保持していることとなり、三次元網目と水は相補的な関係にある。その結果としてぶよぶよとした性質が現れることとなる。また、三次元網目は、ジャングルジムの鉄製の棒のように剛直で静止しているのではなく、熱的に常に揺らいでおり、三次元網目の中の空間も広くなったり、狭くなったりしていると考えられる。

　豆腐やこんにゃくなどの食品は日常よくお目にかかるゲルであるが、これら以外にも多くのゲルが身近にある。昔は赤ちゃんのおむつといえば木綿布が用いられてきた。ところが今日では、赤ちゃんのオムツとして紙おむつが普通に用いられている。この紙おむつの中には、高分子の三次元網目でできた粒状の樹脂（高吸水性樹脂と呼ばれる）が入っている。これが赤ちゃんの尿を吸収して柔らかいゲルに変化する。高分子の三次元網目は、一度尿を吸収してゲルに変化すると外から力を加えても最早尿は出てこない。すなわち、尿を含んだゲルの上へ赤ちゃんが座っても、尿はゲルから外へ出てくることはなく、下着などを濡らすことがない。これは、尿の主成分である水と三次元網目との相互作用が強いため、外から力を加えても水が出られなくなったためと考えられる。木綿布であれば、外から力を加えると、雑巾を絞るように水分が出てくることとなる。木綿布のおむつとゲルとの大きな違いであり、紙おむつの快適さ・便利さが大きな支持を受けたものと考えられる。

　われわれの身の回りを探すと、これら以外にも多くの種類のゲルがある。しかし、それにも関わらず、ゲルの実態はあまりよく知られていない。これは、後述するように、三次元網目が持つ複雑さの宿命とも考えられる。そこで本書では、ゲルの三次元網目に注目して、主に、それを構成する"網目鎖"、および、三次元網目となるための"架橋点"および"流体"の観点から、ゲルが示す性質や機能について、わかりやすく述べてみたい。

第 2 章　ゲルの考え方

　ゲルとは、「三次元網目の中に、流れることができる物質（流体）が閉じ込められたもの」と第1章で定義した。ここでは、ゲルをどのように考えればよいか述べてみたい。ゲルは図 2-1 に模式図的に示すように、網目鎖、架橋点、流体でできている。これら三つは、ゲルの三大構成要素であり、これらのどれかひとつが欠けてもゲルとはならない。例えば、架橋点がなければ、三次元網目を構成する網目鎖（高分子）の溶液となり、流動することとなる。

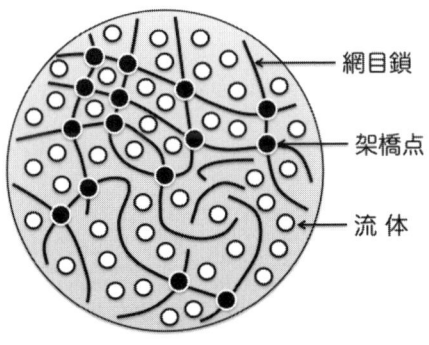

図 2-1　ゲルの模式図

2.1　ゲルの分類

　ゲルを考える手がかりとして、まず、ゲルはどのように分類されるのかについて考えてみたい。図 2-2 には、ゲルの分類体系について示した。まず、ゲルは、その"サイズ"による分類と、"構成要素"による分類に大別される。
　サイズによる分類では、われわれが肉眼で見える大きさの"マクロゲル"、大きさがミクロンオーダーの"ミクロゲル"、ナノオーダーの"ナノゲル"が

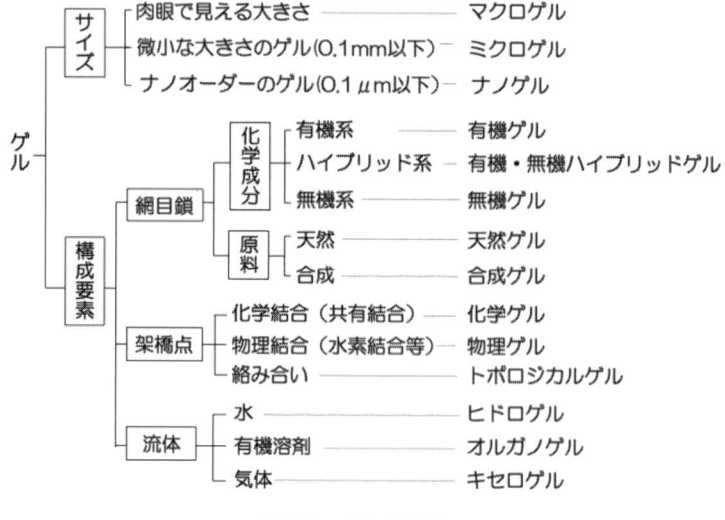

図 2-2　ゲルの分類

代表的である。マクロゲルは肉眼で見える大きさであるので、ハンドリングも容易である。また、その形状は、ゲルを調製するときの容器の形状によって決まり、ゲルの用途に向いた任意の形状の容器を用いてゲルを調製することによって所定の形状のゲルを得ることができる。このマクロゲルに対して、ミクロゲルは大きさも 0.1 mm 以下と小さく、流体に分散すると系全体が溶液のように流動する。また、このサイズのゲルは、マクロゲルが生成する初期過程で生成すると考えられており、マクロゲルを考える上においても重要である。ナノゲルは、そのサイズから高分子 1〜数分子が架橋することによってできたゲルと考えられ、三次元網目の特徴は保持しているが流動することができ、微小空間内へ入り込むことができる。

　次に、構成要素による分類では、ゲルの三大構成要素をもとに"網目鎖"、"架橋点"、"流体"に分けられる。さらに、網目鎖は、それを構成する"化学成分"とその"原料"の違いに分類される。ゲルを構成する三次元網目の化学成分が有機系高分子でできていれば、"有機ゲル"、無機系高分子でできていれば"無機ゲル"と呼ばれる。また、原料として天然高分子を用いているか合成高分子を用いているかによって、"天然ゲル"と"合成ゲル"に分類

される。最近では、有機化合物と無機化合物を複合化させたゲルも得られるようになり、このようなゲルは、有機・無機ハイブリッドゲル（または、有機・無機複合ゲル）と呼ばれている。原料として天然物と合成物を複合化して得られるゲルも考えられるが、このようなゲルは、天然・合成ハイブリッドゲル（または、天然・合成複合ゲル）と呼ぶことができる。

2.2 網目鎖

　ゲルの三大構成要素のひとつ目の網目鎖は、一般的に線状の高分子化合物からできている。具体的には、多糖類やタンパク質、DNAなどの天然高分子や、ポリスチレン、ポリアクリルアミドなどの合成高分子である。いま、網目鎖がポリアクリルアミドのような水に溶解する線状の高分子でできていれば、この高分子からできている三次元網目のゲルは水との親和性がよく、水を三次元網目の中に閉じ込めることができる。一方、網目鎖がポリスチレンのようにベンゼンやトルエンなどの有機溶媒に溶解する高分子からできていれば、得られるゲルは、ベンゼンやトルエンなどの有機溶媒を三次元網目の中に閉じ込めることができる。このように、ゲルを構成する網目鎖がどのような高分子でできているか、すなわち、網目鎖がどのような化学構造を持っているかによってゲルの中に閉じ込められる液体が決まる。

　カルボキシルアニオンや四級アンモニウムイオンなどのイオンが網目鎖にある場合には、イオンもゲルの性質に重要な役割を果たす。イオン解離基は親水的であるので網目鎖に水との親和性が付与される。さらに、イオン解離基が解離すれば網目鎖に広がったり、縮まったりする力を与える。例えば、網目鎖上に同符号のイオンがあれば、これらのイオン間には反発力が働き、この反発力はゲルの三次元網目に広げる力を与えることとなる。一方、網目鎖上に異なる符号のイオンがあれば、これらのイオン間には引力が働き、この引力は一種の架橋点として働き、ゲルの三次元網目の広がりを抑制することとなる。

　これらのことは、ゲルのpHを調整してイオン解離基の解離度を変化させることによって、ゲルの三次元網目に与える力を制御することができること

を示している。網目鎖上にイオン解離基が存在するゲルにおいても、そのイオン解離度を抑制すれば、イオン解離基を持たないゲルと同様の挙動を示すこととなる。具体的には、流体の極性を変化させたり、pHを変化させたりすることによって、ゲルの挙動が変化することとなる。

2.3 架橋点

架橋点はゲルを特徴づける不可欠な構成要素である。それでは、網目鎖と網目鎖とを結びつける架橋点とはどのようなものか。架橋点による分類では、架橋点の構造をもとに分類することができ、図 2-3 に示すように三つの種類に大別される。

ひとつ目は、図 2-3（a）に示すように、外的条件が変化しても切れることがない非可逆的な結合で架橋点ができている場合である。このようなゲルを"化学ゲル"と呼ぶ。非可逆的な結合は通常共有結合であり、共有結合によって架橋されていったんゲルが生成すると、架橋点は容易に切断することがなく、また、網目鎖と網目鎖が結ばれている位置も変化することがない。こ

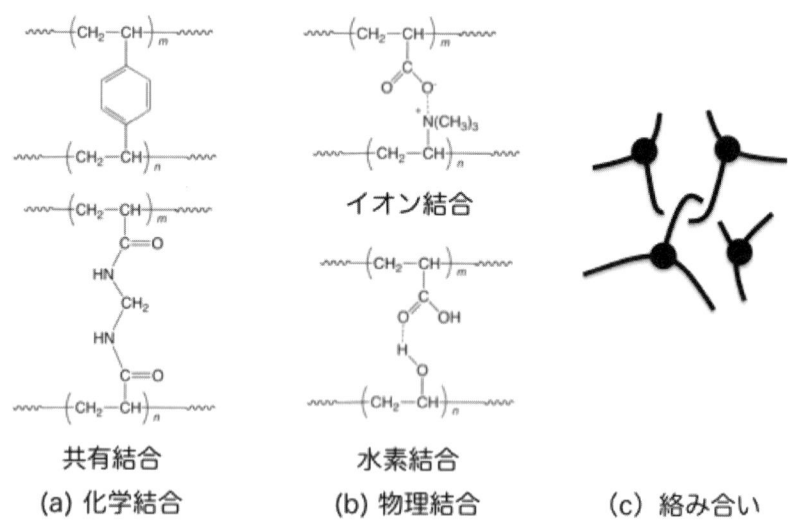

図 2-3　三種類の架橋点の模式図

のため、化学ゲルは外的な条件の影響を受けることなくゲル状態を保持するため、安定性の高いゲルと考えられる。しかし、もしこのような共有結合でできた架橋点を切断しようとすると、架橋点のみを切断することは困難なため、ゲルは破壊されてしまい、もとのゲルの状態には戻ることができなくなる。

　非可逆的な架橋点を持つ化学ゲルに対して、結合と切断が可逆的に起こる結合でできている架橋点を持つゲルがある。このようなゲルは、"物理ゲル"と呼ばれる。結合と切断が可逆的に起こる結合としては、図 2-3（b）に示すように、イオン結合、水素結合、疎水性相互作用などの物理的な結合が考えられる。ゲルが浸漬されている溶液の pH を変化させたり、温度を変化させたり、溶媒組成を変化させたりすることにより、可逆的な結合が生成したり、切断消滅したりすることとなる。しかし、この場合においても架橋点となる位置は、網目鎖上のイオン解離基が導入された部位や、水素結合する官能基が導入された部位であり、架橋点がいったん生成すると網目鎖上の架橋点の位置は変化しない。このように、可逆的な架橋点は、組み替えは起こるものの、網目鎖上の同じ位置で架橋点が生成したり切断消滅したりすることとなり、流動性のあるゾルから流動性のないゲルへ、または、流動性のないゲルから流動性のあるゾルへと変化する。このような現象はゾル・ゲル転移と呼ばれる。

　三つ目の架橋点は、非可逆的な架橋点を形成しているが、網目鎖上の架橋点の位置が変化する架橋点である。いま、このような架橋点をトポロジカル架橋点と呼ぶことにする。このような架橋点のひとつは、図 2-3（c）に示すように、網目鎖と網目鎖の絡み合いによるものである。ただし、網目鎖と網目鎖の絡み合いだけではいずれほどけてしまい架橋点として機能しないので、架橋点として機能するには、ほどけない仕組みが必要である。例えば、既に述べたような他の種類の架橋点が共存することが必要である。他の種類の架橋点が共存すると網目鎖の絡み合いはほどけなくなり、網目鎖の絡み合いも架橋点として機能することとなる。網目鎖の絡み合いであるので、網目鎖上の架橋点となる位置（実際は網目鎖と網目鎖が接するわけであるが）が自由に移動することとなる。まさにスライドする架橋点である。このような

架橋点を持つゲルに力を加えたとき、架橋点が移動することによって、張力がすべての網目鎖に平均化されてかかることとなり、ゲルの強度向上が期待できる。このような架橋点の特徴を最大限発揮するゲルの例として、第5章で述べる環動ゲルがある。

2.4 流体

ゲルの三大構成要素の三つ目は、流体である。一般的に、流体はゲルの体積分率で最大の構成要素である。第2.2節で述べたように、流体の種類は網目鎖の化学構造との関係で決まる。流体が空気のような気体の場合、キセロゲルと呼ばれ、シリカゲルがその代表である。流体が油のような有機物の液体の場合は、オルガノゲルと呼ばれ、身近な例としては、天ぷら油に12-ヒドロキシステアリン酸などを入れて得られるゲルがあり、可燃ごみとして天ぷら油の廃棄を容易にしている。ゲルを構成する流体として一番よく見られるのは水であり、このように水を構成要素とするゲルは"ヒドロゲル"と呼ばれる。以下には、流体の代表として水を例として説明する。

ゲルの中を満たしている流体の一部を他のものに置き換えることによって、流体が占める空間を利用する試みも行われている。ゲルを構成している流体の水は、ゲルが水に浸漬されているとゲルの外の水と絶えず入れ替わっていると考えられる。このことは、ゲル内外の水が入れ替わるときに、水に溶けているものがあれば、ゲルの中へ入り込むことになる。イオン交換樹脂では、水に溶解しているイオンが、ゲル内外の水の入れ替わりに伴ってゲル内に入り込み、ゲルの網目鎖上のイオン解離基にトラップされることとなる。このように、ゲルの網目鎖と相互作用する物質が水に溶解していれば、ゲルの網目鎖との相互作用によって物質をゲル内に捕集することができる。また、ゲルを反応場と考えてゲル中で種々の反応を行うことが考えられている。ゲル中での反応はゲルの三次元網目が水溶液中の物質の拡散に影響を与えることとなり、単なる水溶液中の反応とは異なることが期待される。例えば、ゲルへの触媒や酵素の担持、金属イオンの還元による金属ナノ粒子の合成など今後の展開が期待される。

最近、ゲルを構成する流体としてイオン液体を用いた研究が進められている。イオン液体を含浸するPNIPAAmゲルは低温で収縮し高温で膨潤して、温度依存性において水を含浸するPNIPAAmゲルとは逆の膨潤挙動を示すことが見出されている。また、イオン液体は蒸気圧が極めて低く揮発しないことなどの特徴を持っており、イオン液体を用いたゲルの新たな展開が期待される。

2.5 三次元網目

網目鎖を架橋して架橋点を導入することにより、三次元網目が形成される。この三次元網目を形成する方法として、大きく分けて二つの方法が考えられる。そのひとつは、網目鎖を形成するのと同時に架橋点を導入し、三次元網目を構築する方法である。具体的には、ビニル化合物を重合して網目鎖を形成させるときに、ジビニル化合物を共存させてゲルを得る方法である。この方法では、ビニル化合物とジビニル化合物の反応性が異なることやジビニル化合物の仕込み量がビニル化合物の仕込み量に比べて極端に少ないため、反応後期ではジビニル化合物はすべて消費されていると考えられる。したがって、この方法では架橋点となるジビニル化合物の導入位置の制御は困難であり、その結果、ゲルの三次元網目の構造を制御することは無理である。

もうひとつの方法は、2段階で三次元網目を形成する方法である。まず、網目鎖を最初に作り、そのあとで得られた網目鎖を架橋して三次元網目を形成する方法である。このとき、1段階目の網目鎖を作るときに、架橋点となる反応性基を導入する位置が制御できれば、架橋点の位置が決まり、その結果、三次元網目の構造が制御可能となると考えられる。このように、三次元網目を形成する方法はゲルの三次元網目の構造と密接に関係している。

現在、身近にあるほとんどのゲルは、図2-4（a）に示すように、不均一性を有している。すなわち、架橋点間の分子量に分布があり、末端のひとつが架橋点に結ばれていない網目鎖（ダングリング鎖）が存在し、架橋点の分岐数も異なっている。したがって、ゲル中には、場所によって網目鎖濃度の濃い部分と薄い部分が現れることとなる。この網目鎖濃度の濃淡は、架橋点に

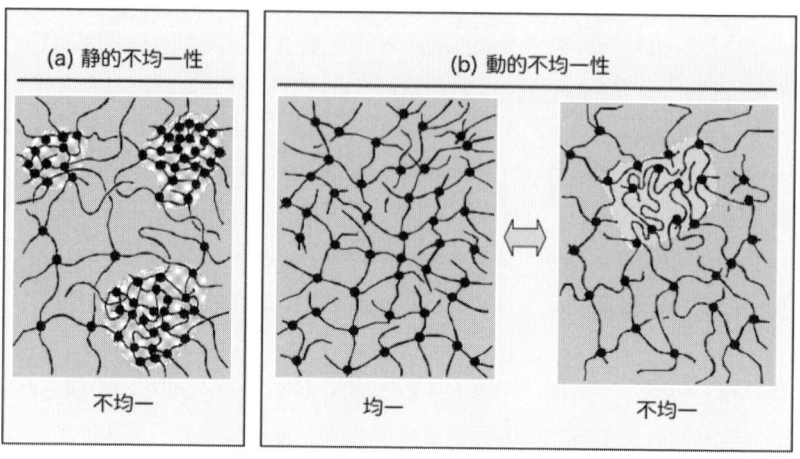

図 2-4　ゲル網目鎖の不均一性

よって固定されているため、その場所が変化することはない。すなわち、ゲルの静的な不均一性であり、網目鎖濃度の濃淡が示すゲルの内部構造と考えられる。

　このような三次元の網目鎖濃度の濃淡によって織りなす構造は、三次元網目の架橋点を切断分解して回収した網目鎖をいくら分析しても三次元の位置情報が失われており、もとの三次元網目の構造を明らかにすることは不可能である。そこでゲルの網目鎖濃度の濃淡によって出現する構造は、ゲルの三次元網目を分解することなく、水などの液体を含んだままその内部を三次元的に分析することによって初めて明らかになる。このことがこれまでゲルを研究する上での大きな障壁のひとつでもあった。しかし、最近の分析機器の進歩によって分析が可能となり、第7章に示すように、ゲルの内部構造が次第に明らかとなってきている。

　ゲルの不均一性には、これまで述べた"静的な不均一性"以外に図2-4（b）に示すような"動的な不均一性"がある。網目鎖は、ゲル中では架橋により三次元に結ばれており、絶えず熱的に揺らいでいる。したがって、三次元網目のサイズは絶えず変化している。例えば、ゲル網目を物質が透過する場合、

網目サイズより大きな物質が透過することがあるが、これはゲルの三次元網目が熱的に絶えず揺らぎ、そのサイズを変化させているためである。ゲルの温度や液体の組成など、ゲルを保持する外的な条件が変化すると、この熱的な揺らぎの大きさも変化し、極端な場合は網目鎖が相分離してゲル内部に網目鎖濃度の濃淡に基づく不均一な構造が現れることとなる。しかし、ゲルを保持する外的条件をもとに戻すと、ゲルは再びもとの均一な状態へと戻ることとなる。

　このように可逆的な不均一性の変化を動的な不均一性と呼んでいる。不均一性が静的であるか動的であるかはゲルを考える上で大変重要である。すなわち、静的な不均一性はゲルを調製することに起因しているが、動的な不均一性はゲルを保持している条件に基づいていることである。ゲルを考える上でこの違いをよく認識しておくことが重要である。

第3章　ゲルの歴史

　こんにゃくや豆腐などは古くから食物として用いられてきたことから、ゲルの物質的な歴史はかなり古い。一方、ゲルの名称が誕生したのは19世紀後半であるが、当時においては、ゲルの全体像を理解することはかなり難しかったものと想像される。なぜなら、ゲルを理解するためには、その基礎となるいろいろな科学の発展が必要だからである。有機化学、高分子化学、高分子物理学、機器分析などはゲルを理解するために必要不可欠な基礎科学である。しかし、19世紀後半においても、ゲルサイエンスがよりどころとするこれらの基礎科学は十分に発展していなかった。そこで、ここでは、ゲルサイエンスを理解する上に必要なこれらの基礎科学の誕生から簡単にその歴史を辿ってみたい。表3-1には、ゲルの歴史の主要な項目を年表式に示したので、参照しながら以下を読んで頂きたい。

表 3-1　ゲルの歴史

年代	事項
以前	豆腐、ゼラチンなどの食品　など
1828	尿素の合成（F. Wöhler）「有機化学」の誕生
19世紀後半	「ゲル」の名称誕生（T. Graham）
1930年代	「高分子」の概念確立（H. Staudinger）
	イオン交換樹脂生産
1940年代	「高分子」と「ゲル化」の理論（P. J. Flory）
1960年代	ソフトコンタクトレンズ試作（チェコ（O. Wichterle））
1970年代	ソフトコンタクトレンズ商品化（アメリカ）
	高吸水性樹脂開発（アメリカ・農商務省）
	高吸水性樹脂商品化
	高分子スケーリング則（P. G. de Gennes）
	ゲルの体積相転移の発見（田中豊一）
1980年代	ゲルに関する広範な研究（基礎・応用）が活発化
	感温性ゲルの登場、ゲルの体積変化の速度論
2000年代	環動ゲル、DNゲル、NCゲル、Tetra-PEGゲルなどが登場
	多分野での基礎および応用研究が展開

$$H_4N^+ \ {}^-OCN \xrightarrow{\text{加熱}} (NH_2)_2C=O$$

シアン酸アンモニウム　　　　　尿素

図 3-1　尿素の合成反応

　有機化学の誕生は、ドイツの化学者 F. Wöhler が無機物質のシアン酸アンモニウムを加熱すると尿素が得られることを発見したことに始まる（図 3-1 参照）。日本ではまだ鎖国をしていた江戸時代の終わり近い 1828 年のことである。それまでは、生体内でしか合成できないと考えられていた有機化合物が、無機化合物から初めて人間の手によって合成された瞬間であり、炭素を中心とした有機化学の始まりである。その後今日まで、縮合反応や付加反応など多種多様な化学反応が研究されてきている。20 世紀には有機化学は大きく花開き、それらの化学反応を使って肥料、農薬、医薬、界面活性剤、塗料、染料、香料など様々な有機化合物が合成されるようになった。

　しかし、有機化学の初期の研究対象はほとんど分子量の小さな低分子化合物であった。すなわち、分子の構造と分子量が一義的に決まる化合物である。一方、分子量の大きな化合物である高分子化合物は、その実態がよく理解されていなかったことや粘度が高く精製が困難で扱いづらいこと、また、最適な分析技術がなかったこともあり、研究の対象からは切り捨てられていたと考えられる。すなわち、有機化学の研究で、合成して得たものが粘稠で再結晶などによって精製することができなかったりすると、研究の対象から外されたのではないかと想像される。

　20 世紀に入り取り扱いの困難な分子量の大きな化合物も研究の対象として取り上げられるようになってきた。このような化合物は、19 世紀から 20 世紀初めには、図 3-2 に示すように界面活性剤のような低分子化合物が多数個ファン・デル・ワールス力のような物理的な力で凝集して、ミセルのような巨大な粒子を形成しているものと考えられるのが一般的であった。この実験的な根拠として、X 線解析で得られたセルロース結晶単位の大きさがセルロース分子の基本単位の 4 倍であることが挙げられた。すなわち、結晶の大きさより大きなセルロース分子はあり得ないとされたのである（図 3-3 参

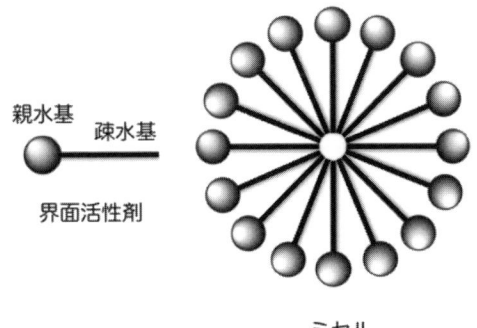

図 3-2　界面活性剤とミセル

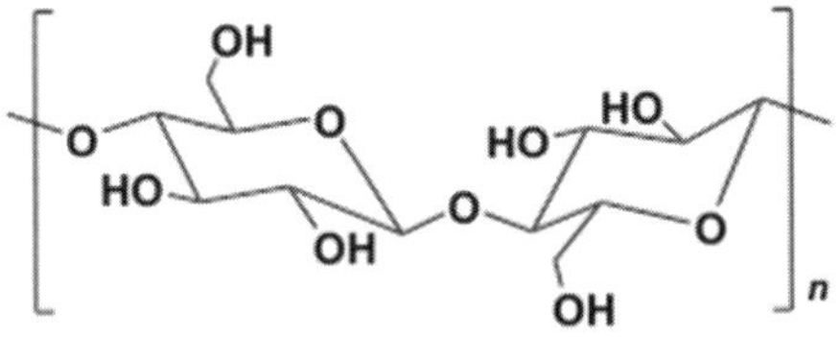

図 3-3　セルロースの化学構造

照)。

　これに対して、ドイツの化学者 H. Staudinger は、ポリインデンを水素化してその水素化前後の分子量と粘度を比較したり、セルロースをアセチル化してそのアセチル化前後の分子量と粘度を比較したりする実験を根気強く行った。水素化やアセチル化を行うことにより反応の前後で化学構造が大きく異なるため分子の凝集力が変化すると考えられる。したがって、物理的な力で凝集しているのであれば、当然分子量に変化が見られると予想されるが、実験の結果、図 3-4 に示すように分子量には変化は見られなかった。その結果、これらの物質は物理的な力ではなく、共有結合によって結びつけられた長い鎖状の分子であると結論づけた。高分子の概念の確立である。

　この考え方が受け入れられるには長い時間を要したが、この業績によって1953 年、Staudinger にノーベル化学賞が授与された。現在では、高分子とい

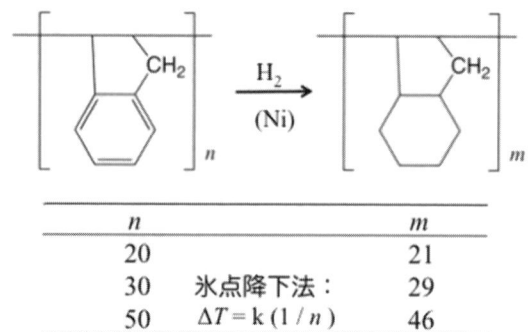

図 3-4 ポリインデンとその水素化物。もし物理的な力で分子が形成されていれば、n と m はかなり異なるはずである。n と m は実験誤差以内で等しいとされるから、結合は"化学結合"と考えざるを得ない。

えば、共有結合で結合した分子量の大きな化合物であることは常識となっているが、この常識が認められるまでにかなりの年月が必要であった。

 その後 1940 年代に、P. J. Flory が高分子とゲル化の理論を提唱し、続いて理論と実験の両面から膨大な研究を展開した。それらの業績により彼は 1973 年ノーベル化学賞を受賞している。ようやくゲルが研究の対象として取り上げられ市民権を持つようになったのである。しかし、ゲルを理解するには三次元網目の理解という大きな壁があったことも事実である。多くの線状高分子は溶媒に可溶であり、高分子溶液にして研究することができるが、ゲルになると溶液にすることができず研究対象としては不向きと見なされやすい。高分子合成の研究でゲルが生成すると多くの場合お手上げである。

 しかし、1978 年にマサチューセッツ工科大学の田中豊一が、ゲルの体積相転移を実験および理論の両面から明らかにすることにより、ゲル研究に新機軸が導入された。当時、ゲルの体積が不連続に変化するであろうことは理論的に予測されていたが、どのような条件で起こるのか実験的に示されたことはなかった。ゲルの体積相転移が実験的に示されたことにより、ゲルの体積が連続的に変化するこれまで知られていたゲルの世界に加えて、ゲルが不連続に体積変化するゲルの新たな世界が拓かれたことにより、ようやく、ゲルの全体像が明らかになったわけである。すなわち、ゲルの体積相転移の発見

は、ゲルの全体像が姿を現した瞬間と捉えることができる。また、理論面においては、ゲルには状態方程式が考えられ、ゲルの挙動は状態方程式で記述することができることが示された。そして、ゲルが示す様々な挙動はこの状態方程式から得られるゲルの相図をもとに理解できるようになった。このことは、第6章で詳しく述べる。

　ゲルが体積相転移を示すことは、外的条件を変化させるとゲルがその外的条件の変化に応答して体積を変化させることを意味している。すなわち、ゲルは外的な刺激に応答する機能性材料のひとつであり、刺激応答性材料そのものと考えられる。19世紀後半にコロイド化学の創始者であるスコットランドの化学者 T. Graham が提唱した「ゲル」という言葉が誕生してから約1世紀近くを経て、ようやくゲルサイエンスの全体像が明らかになり、ゲルが刺激応答性の機能材料として認識されるようになったわけである。

　ゲルの体積相転移の最初の例は、部分加水分解して得られたカルボキシル基を持つポリアクリルアミドゲルについてである。このゲルをアセトン水溶液中に浸漬し、アセトンの濃度を変化させると、このゲルの体積があるアセトン濃度で不連続に変化した。その後、1984年に純水中で温度を変化させることにより体積相転移を示す感温性のゲルが見出された。これが代表的な感温性ゲルのひとつであるポリ(N-イソプロピルアクリルアミド）ゲルであり、今日でも多くの研究に用いられている。

　その後、2000年代には、滑車状の架橋点を持つ環動ゲル、イオン解離基を持つ網目との相互貫入網目よりなり高強度を示す DN（Double Network）ゲル、無機化合物の粘土がナノ分散して架橋点となる高強度の NC（Nano-composite）ゲル、四分岐したポリエチレングリコール（PEG）のすべての末端に官能基を導入したテトラポッド型高分子を用いて理想網目に近い三次元網目を実現した高強度の Tetra-PEG ゲルなど、これまでには考えられなかった構造を持つ多種多様なゲルが実現されてきている。これらについては、第2部で詳しく述べることとする。

　このように、近年ゲルの研究は新たな段階を迎えている。これは、ゲルサイエンスの基礎となるいろいろな科学や技術が進歩してきたことによる。その基礎となる科学は、有機化学、高分子化学、高分子の固体や溶液の物性科

学、核磁気共鳴（NMR）分析、赤外や紫外の分光分析技術、光学顕微鏡や電子顕微鏡技術、光散乱、中性子散乱、X 線散乱などの散乱法による分析法などである。分子の三次元網目と流体から構成されているゲルは、複雑で多面性を持っている物質であるため、ゲルの研究推進にはこれらの基礎科学の理解が不可欠と考えられる。

　一方、ゲルが利用されている分野から眺めると、ゲルサイエンスが構築される以前から、その機能性に注目した多くの応用分野が存在し多種多様なゲルが用いられてきた。これらの分野のほとんどで、現在でもゲルは用いられている。例えば、1930 年代には既にイオン交換樹脂の生産が始まっている。イオン交換樹脂は、現在でも水の浄化やイオンの回収などに活用されている。また、1960 年代にはヒドロキシエチルメタクリレートを用いたソフトコンタクトレンズがチェコで開発され、後にアメリカ合衆国で製品化されている。1970 年代にはアメリカ合衆国の農商務省で高吸水性樹脂が開発され、のちに製品化されている。これら以外にも図 1-2 に示したように、ゲルはその機能性を利用した多くの用途に用いられている。

　この 1 世紀の間には、有機化学や高分子科学を始め計算化学などの周辺分野の科学が急速に進歩してきた。また、分析技術などの周辺技術も高度に発達してきた。これらの発展とともに、ゲルの基礎研究が進展し、ゲルの応用研究も推進されてきた。現在、移動することが可能な架橋点を導入したゲルや架橋点間分子量を精密に制御した均一網目のゲルなど 20 世紀には考えられなかったゲルが実現され、21 世紀におけるゲルの新たな世界が展開を始めている。

機能性ゲルとその応用

第2部　ゲルの構成要素と機能

第4章　網目鎖

第5章　架橋点

第6章　流　体

第7章　サイズと構造

第4章　網目鎖

　ゲルを構成する成分のうち、高分子からなる網目鎖は、体積的にも重量的にも数%を占めるにすぎないが、網目鎖の性質はゲルの機能や性質に大きな影響を及ぼす。本章では、網目鎖にスポットを当て、網目鎖の性質から得られるゲルの特性について考えてみたい。

4.1　網目鎖によるゲルの分類

　図 4-1 に示すように、網目鎖となる高分子の種類によって、ゲルを分類することができる。まず網目鎖の化学成分に着目すると、ポリビニルアルコールやポリアクリル酸などの有機成分から構成される「有機ゲル」と、シリカなどの無機成分からなる「無機ゲル」に大別できる。近年では、合成技術が進んだこともあり、有機成分と無機成分を反応させて、これらの二つの成分が分子レベルで混ざり合った「有機・無機ハイブリッドゲル」についての研究も盛んになってきている。

　化学成分による分類の他に、網目鎖の原料が何に由来しているかによっても分類することができる。動物や植物などの生物由来の天然高分子を原料とする網目鎖のゲルは「天然ゲル」、人工的に合成された高分子を原料とする網

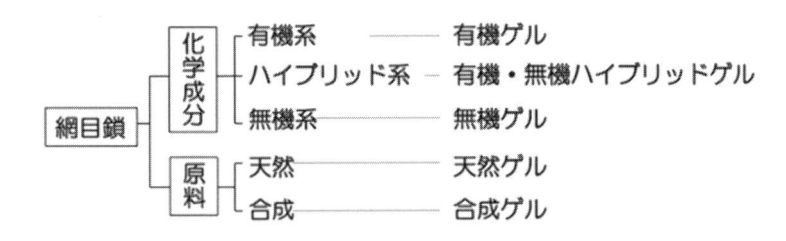

図 4-1　網目鎖によるゲルの分類（図 2-2 の一部抜粋）

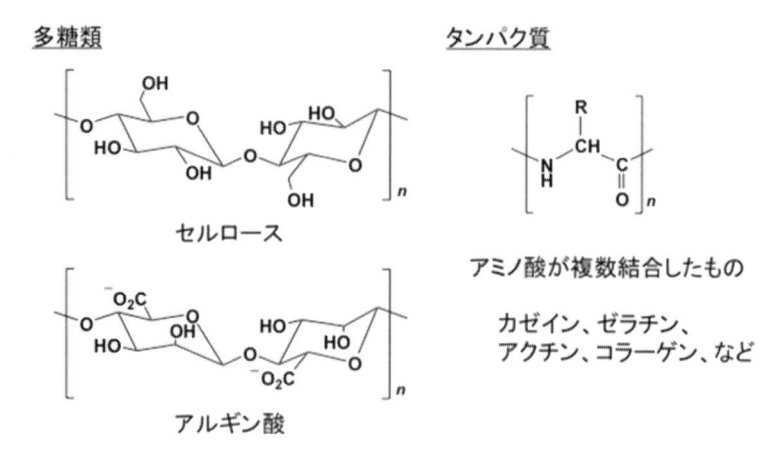

図4-2 ヒドロゲルを与える代表的な天然高分子

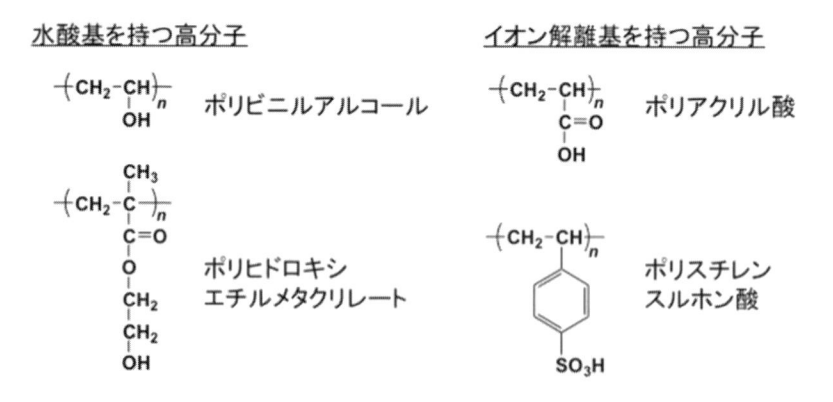

図4-3 ヒドロゲルを与える代表的な合成高分子

目鎖のゲルは「合成ゲル」と呼ばれる。水を溶媒として含むゲル(ヒドロゲル)の場合について、図4-2には天然ゲル、図4-3には合成ゲルを与える代表的な高分子を示した。

天然ゲルを与える天然高分子の主なものは、多糖類やタンパク質、DNAである。関節組織ではプロテオグリカンのような多糖類が、また、目の角膜や硝子体ではタンパク質が網目鎖を構成して生体組織を作り、重要な役割を果

たしている。さらに、デンプンや寒天、ゼラチンといった食品として馴染み深いものも、多糖類やタンパク質の天然高分子を構成成分とするゲルの代表例として挙げられる。

一方、合成ゲルは、ポリアクリル酸から得られる紙おむつに用いられる高吸水性樹脂や、ポリヒドロキシエチルメタクリレートから得られるソフトコンタクトレンズなど、日常生活のわれわれの身の回りの至るところに見出すことができる。一般に合成ゲルを与える高分子は、重合反応によって低分子化合物（モノマー）を繋ぎ合わせることによって合成される。そのため、網目鎖の基本成分となるモノマーに図4-3に示したような種々の極性基を入れることにより、ゲルに様々な性質を付与できる。また、一種類のモノマーだけでなく、複数のモノマーを共重合によって1本の鎖の中に繋ぎ合わせることによって、様々なゲルが合成可能である。こうした設計の幅広さがゲル化学の魅力でもある。ゲルの合成法については第5章で詳しく取り上げることとし、第4.2節以降では、網目鎖の特徴的な性質によって得られる合成ゲルの機能・物性について見ていきたい。

4.2 温度応答性ゲル

高分子ゲルの中でも、刺激応答性ゲルと呼ばれるものが盛んに研究されている。刺激応答性ゲルとは、図4-4に示すように熱やpH、光や電場などといった外部から与えられた刺激や外部環境の変化に応答して、性質の変化を見

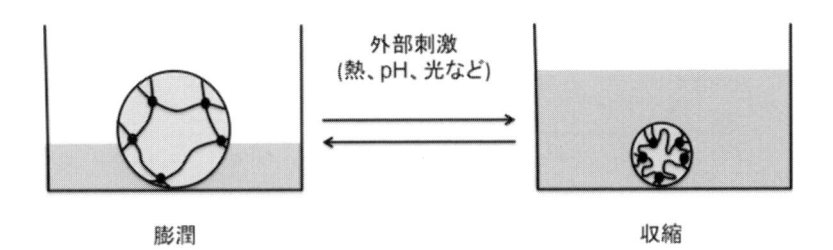

図4-4 刺激応答性ゲル：加熱により昇温したり、冷却により降温したり、溶媒のpHを変化させたり、また、光照射により網目鎖の構造を変化させたりといった、外部刺激を与えることによりゲルが膨潤または収縮する。

せるゲルである。例えば、体積を変化させるゲルでは、溶媒を吐き出して縮んだ状態（収縮状態）と溶媒を吸い込んで膨れ上がった状態（膨潤状態）との間を外部からの刺激に応じて可逆的に変化する。このような刺激応答性は、網目鎖となる高分子が外部刺激に応答して立体的な構造（コンフォメーション）や溶媒に対する馴染みやすさ（親和性）などを変化させることによって現れる。

　刺激応答性ゲルの中でも、とりわけ多くの研究・開発がなされているものは温度変化に応答するゲルである。この温度応答性ゲル（感温性ゲルとも呼ばれる）の性質は、温度の変化に応答して網目鎖に用いられる高分子と溶媒の相互作用が変化することによって現れる。

　高分子の温度への応答の仕方は2種類ある。ひとつは、低温では溶媒に溶けているが、温度を上昇させていくと溶解度が低くなり、溶けなくなって溶液が白濁するものである。この溶媒に溶けなくなる温度を、下限臨界共溶温度（Lower Critical Solution Temperature：LCST）という。もうひとつはその逆で、低温下では溶媒に溶けていないが、温度が上昇すると溶けるようになる高分子である。この溶解性が変化する温度を上限臨界共溶温度（Upper Critical Solution Temperature：UCST）という。溶媒に水を用いた温度応答性ゲルの多くはLCST型の応答性を示す。つまり、低い温度では網目鎖と水との親和性が高いために水を吸い込んで膨潤状態となり、一方、温度が上昇すると親和性が低くなって水を吐き出し、収縮状態となる。このことは、一般的に高温でエントロピーが増大し、溶解度が増加することと逆のように思える。しか

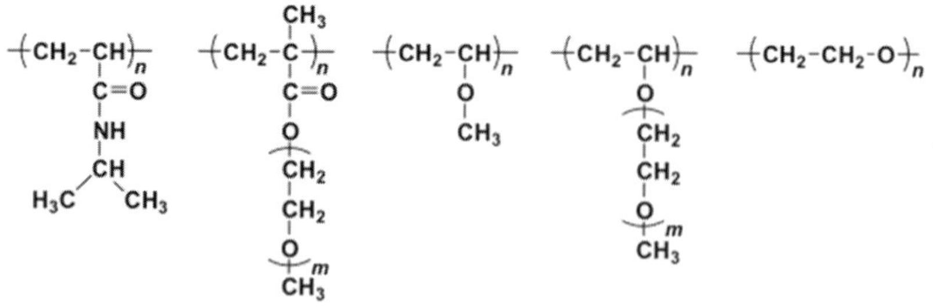

図4-5　水中でLCSTを有する高分子

し、水を含んだヒドロゲルでは、網目鎖の収縮によるエントロピーの減少は、水和や水素結合によって形成している水の構造が壊れることによるエントロピーの増加によって賄われていると考えられる。

水中で LCST 型の温度応答性を示すゲルの網目鎖に用いられる高分子の代表例としては、図 4-5 に示したポリ（N-イソプロピルアクリルアミド）（PNIPAAm）、ポリ（オリゴエチレングリコールメタクリレート）（POEGMA）、ポリ（メチルビニルエーテル）（PMVE）、ポリ（オリゴエチレングリコールビニルエーテル）（POEGVE）、ポリエチレングリコール（PEG）などが知られている。

それでは温度応答性はなぜ現れるのであろうか。高分子ゲルの温度応答メカニズムについて、代表的な温度応答性ゲルである PNIPAAm ゲルを例に挙げて考えてみたい[1]。図 4-6 に示したのは、水中で PNIPAAm ゲルがそれぞれの温度でとる膨潤度（V/V_0）をプロットした図である。ここで、V はそれぞれの温度におけるゲルの体積を示し、V_0 はゲル調製時の体積である。図 4-6 に示したように、PNIPAAm ゲルは低温下では水を吸収して大きく膨潤し、33℃付近を境に不連続に変化して高温下では収縮して小さくなる LCST 型の応答挙動を示す。そして、この膨潤・収縮の変化は可逆的である。この応答メカニズムは、網目鎖である PNIPAAm の化学構造から説明することができ

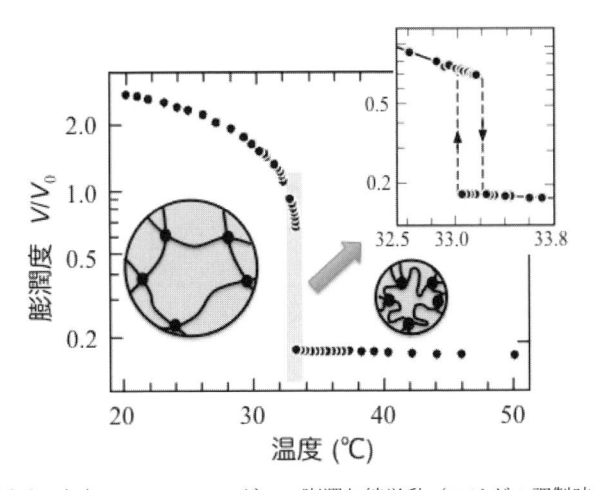

図 4-6　水中での PNIPAAm ゲルの膨潤収縮挙動（V_0 はゲル調製時の体積）

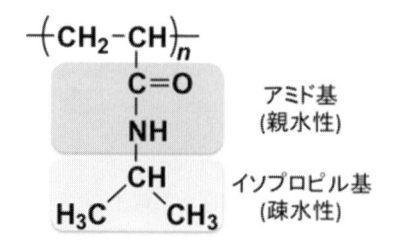

図 4-7　PNIPAAm の化学構造

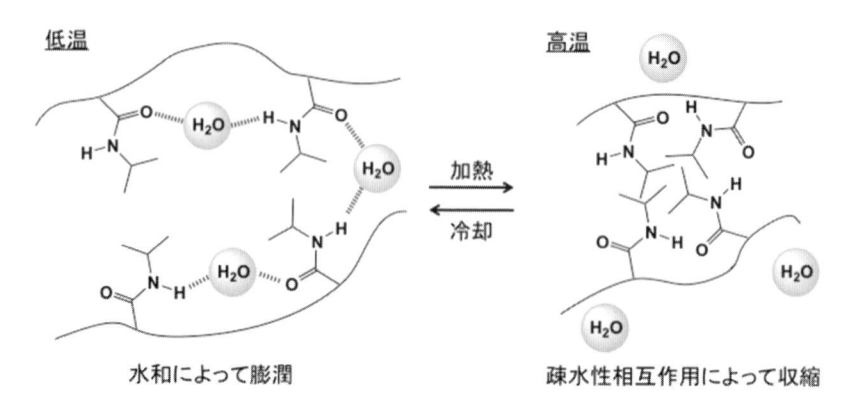

図 4-8　PNIPAAm ゲルの温度応答メカニズム

る。

　PNIPAAm を構成するモノマーユニットは、図 4-7 に示したように親水性のアミド基と疎水性のイソプロピル基を併せ持った構造をしている。また、網目鎖の主鎖を構成するメチレンやメチン基も疎水性である。低温下では、図 4-8 に示したように親水性のアミド基が水と水素結合を形成することによって強く相互作用し合い、それぞれの網目鎖は水に取り囲まれることとなる。このような「水和」と呼ばれる水と網目鎖の強い相互作用によって、PNIPAAm ゲルは多くの水を取り込み、膨潤する。

　しかし、この水和の駆動力となっている水素結合は熱に弱い。そのため温度が上昇していくと、アミド基と水との間の水素結合が弱まり、網目鎖から水が離れていき、脱水和する。一方で、イソプロピル基のような疎水性を有

する部位は、水に対する親和性が低いため、水中では互いに寄り集まろうとする。この疎水性部位同士の相互作用による凝集の効果が、温度上昇によって低下する水和の効果を上回ると、網目鎖全体が凝集するようになり、ゲルは収縮する。つまり、温度変化によって引き起こされる水和と疎水性相互作用のバランスの変化によって、ゲルの温度応答性が現れると考えられる。

4.3 温度応答性ゲルの利用例:アクチュエータとしての応用

温度応答性ゲルは様々な応用が試みられている。その一例として、筆者らが研究を進めているソフトアクチュエータとしての利用について紹介したい。

前述したとおり、PNIPAAmゲルは室温に近い33℃付近を境に体積を大きく変化させる。このような熱に応答した体積変化を利用することにより、熱エネルギーを力学的エネルギーへと変換するソフトアクチュエータとしての応用が考えられる。

筆者らは、PNIPAAmゲルをベースとした温度応答性ゲルアクチュエータの研究を行っている[2)]。両端にリングを取り付けた円筒状のゲルを作製した後、図4-9に示したような装置を用いて10℃に保った水槽中で一端を固定し、もう一方の末端から糸を伸ばし荷重を吊り下げた。水層の温度を50℃へと昇温させ、ゲルを収縮させることにより荷重を持ち上げることを試みた。この際重要となるのが、用いるゲルのゴム弾性である。PNIPAAmのみからなる

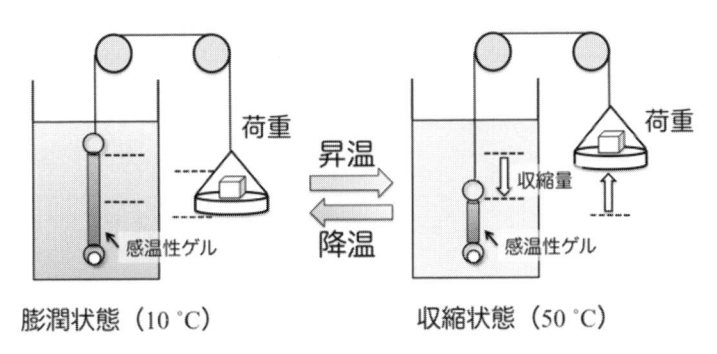

図 4-9 温度応答性ゲルを用いたソフトアクチュエータ

ゲルを用いると、10℃から50℃への急激な温度変化により、スキン層と呼ばれる収縮層が表面に生じ、ただちにゲルが白濁し硬い樹脂のようになってしまう。そのためゲル全体としての収縮が妨げられ、荷重を持ち上げることができなかった。PNIPAAm のみからなるゲルでは荷重などの応力がかかるとゲルが収縮するよりも速く網目鎖の凝集が起こるものと考えられる。

そこで、筆者らは網目鎖の化学構造を種々変化させてゲルを調製したところ、使用温度域でゴム弾性を保持し、温度変化に応答して力を取り出すことができるゲルアクチュエータを実現することに成功した。現状では、取り出すことのできる力の大きさは円筒状ゲル（3.6mm 径、長さ 5 cm）1 本あたり数グラム重と小さな力ではあるが、モノマーや架橋剤の化学構造を工夫することにより、数十回の繰り返し使用に耐え得るものが得られており、今後の展開が楽しみである。

特に、温度応答性ゲルは外部環境の温度変化に応じてゲル自身が自律的に動作するため、センサーなどの機器や制御装置などの補助装置を必要としない。つまり、ゲルの物質自身に外部環境の変化を感知するセンサー機能が備わっており、感知した変化量に応じた出力を与え、自律材料として適切に機能する。また、一般に熱エネルギーを力学エネルギーに変換して利用するときには、タービンなどのように高温の熱エネルギーが必要とされるものが多い。それに対して PNIPAAm に代表される温度応答性ゲルは室温付近の温度変化で動作することから、河川水の温度差や家庭からの排熱といった、これまでほとんど利用されなかった質の低い熱エネルギーを用いることが可能である。さらに、用いる媒体が水であり、燃焼などの操作も伴わないことから、環境に配慮した材料と捉えることができる。この他、ゲルをアクチュエータとして用いた例としては、電気エネルギーや光エネルギーによって駆動するものが多く報告されている。これらについては第 4.8 節で紹介する。

4.4　温度応答性ゲルを用いた細胞シート作製

温度応答性ゲルの応用例としてもうひとつ、医療分野における例を紹介しよう。岡野らは、温度応答性ゲルである PNIPAAm ゲルを用いて細胞培養皿

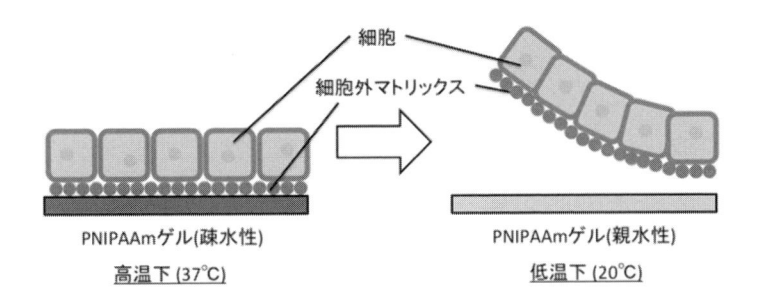

図 4-10　温度応答性ゲルを用いた細胞培養による細胞シート作製

の表面を修飾することにより、細胞の接着と脱着のコントロールを行い、シート状の細胞を得る方法について検討している[3]。

まず、培養皿として用いるポリスチレンもしくはシランカップリング処理されたガラスでできた基板上で、NIPAAm 水溶液に電子線を照射することによって重合させ、培養皿の表面を PNIPAAm ゲルでコーティングする。図 4-10 に示したように、得られた表面では、体温付近の温度において PNIPAAm ゲルが収縮状態をとることによってゲルの表面は疎水性を示し、細胞外マトリックスと呼ばれる疎水性の部分によって細胞が接着する。細胞を PNIPAAm ゲルでコートした培養皿上で培養した後、温度を下げるとコートされている PNIPAAm ゲルが親水性に変化することにより、培養した細胞が脱着する。このように培養されたシート状の細胞を単に温度を変化させることにより回収することが可能となる。

従来、培養した細胞の回収は、トリプシンなどの酵素を用いた処理によって行われてきたが、この手法では細胞外マトリックスや細胞膜タンパク質を破壊することがあり、細胞の機能や構造の維持が困難となってしまい、質のよい細胞シートを得るには不十分であった。これに対し、温度応答性ゲルを用いた手法では、細胞の構造や機能を損なうことなく細胞シートを回収することができる。また、培養皿に用いる基材や、PNIPAAm ゲルの厚みによって細胞の接着性を制御することもできる[4,5]。

この手法により、様々な細胞シートの作製がなされており、例えば心筋細胞をシート化したものは自立的な拍動も可能であることが示されている[6]。

また、この手法は近年大きく注目を集める iPS 細胞技術において、初期化された細胞の状態から、種々の器官の細胞へと分化させた細胞を培養して移植する先進医療技術を実現するためにも重要であると考えられる。

4.5 温度応答の高速化

アクチュエータやセンサーなどとして、温度応答性ゲルを実用化していく上で最も重要と考えられるのが、温度の変化に対して応答する速度を速くすることである。ゲルの膨潤・収縮速度は第6章で説明するように、網目鎖のコレクティブな拡散として理論的に記述され、実験的にも検証されており、応答速度はゲルの大きさの2乗に反比例することが知られている。すなわち、大きなゲルほど温度の変化に対する応答には時間がかかることになる。ゲルの膨潤・収縮の速度を向上するためには、細くしたり微粒子状にしたりして小さくすることが必要である。つまり、高速な応答を実現するためには比表面積を増やすことが有効であり、細線化や微粒子化の他にも多孔性とすることによって温度応答に対して素早く応答するゲルを得た例も知られている。また近年では、分子設計によってゲルの三次元網目構造を工夫することによって応答速度の向上が可能であることが明らかになった。

代表的な例は、岡野らによって合成されたグラフトゲルである（図4-11）[7]。このグラフトゲルは、温度応答性の PNIPAAm ゲルの網目鎖から複数の直鎖状 PNIPAAm 鎖がぶら下がった櫛型（グラフト）構造を有する。

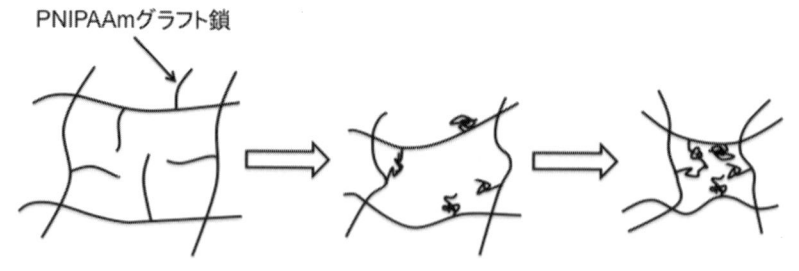

グラフト鎖の迅速な収縮により、ゲル全体が素早く収縮

図 4-11　グラフトゲルによる高速刺激応答

グラフトされた直鎖状 PNIPAAm 鎖は自由に動くことのできる末端を有するため、架橋点によって束縛されている網目鎖よりも運動性が高い。そのため、水中で温度を高くしていくと、脱水和によって疎水化したグラフト鎖が素早く収縮する。これによって形成された疎水性の核が凝集しようとする力により網目鎖が引っ張られることとなり、ゲル全体の収縮が促される。その結果、グラフト鎖を持たない PNIPAAm ゲルと比較して、高速な温度応答性が現れることになると考えられる。

　温度応答性ゲルが体積を変化させるとき、脱水和された水の排出を伴う。そのため、高速な応答を実現するためには、いかに水を効率的にゲルの外へ排出させるかが重要となってくる。このような考え方から、図 4-12 に示すように温度応答性ゲルの網目鎖内に親水性部位が集中した領域（ドメイン）を形成させ、「排水路」としての役割を担わせることによって高速な応答を実現した例が報告されている。

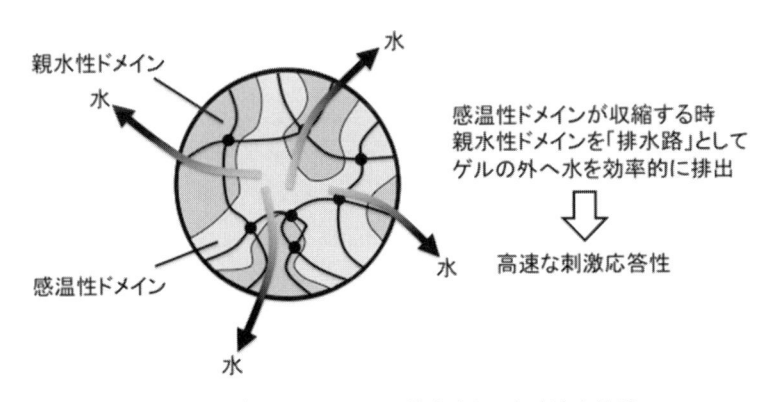

図 4-12　親水性ドメインを排水路とした高速応答ゲル

　例えば辻井らは、図 4-13 に示すポリ［2-（メタクリロイルオキシ）デシルホスフェート］（PMDP）などのように親水性部位（リン酸基）と疎水性部位（デシル基）を併せ持つ両親媒性の界面活性剤ポリマーを PNIPAAm ゲルの内部に含ませることによって高速な温度応答性を実現した[8]。この系では、網目鎖の内部で界面活性剤がミセルを形成することにより、親水性基が集合して微細なドメインを形成していると考えられる。この親水性ドメインがゲ

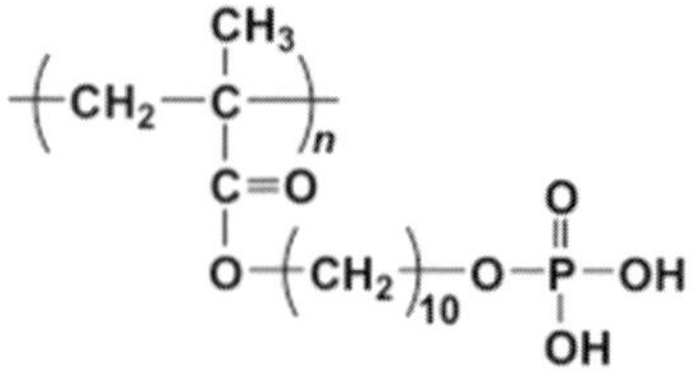

図 4-13 ポリ［2-（メタクリロイルオキシ）デシルホスフェート］（PMDP）の化学構造

ル内に広く分布し、脱水和した水の「排水路」として、網目鎖の外へ水を効率的に排出することにより、高速な応答を実現していると考えられる。界面活性剤の利用以外にも、PEG などの親水性ポリマーを化学結合により PNIPAAm ゲル網目に組み込み、水の通路として利用する例も報告されている。このように網目鎖の分子構造を制御することによって、さらなる高速な応答が実現できるものと期待される。

4.6 応答温度の制御

温度応答性ゲルの応用に向けて、ゲルが膨潤度を変化させる応答温度を制御することも重要である。ゲルの温度応答性は、網目鎖と溶媒の相互作用が変化することによるのであるから、応答温度を変化させるための方法のひとつとしてゲルを形成する網目鎖の化学構造を変化させる手法が考えられる。

4.6.1 置換基構造の違いによる応答温度の制御

PNIPAAm に代表されるポリアクリルアミド誘導体では、アミド基に結合しているアルキル基の構造によって水との親和性が変化する[9]。アミド基に二つのメチル基が結合したポリ（*N,N*-ジメチルアクリルアミド）（PDMAAm）ゲルは親水性が強く、90℃のような高温下でも水を吸い込み膨潤状態となる。これとは逆に、アミド基にブチル基の結合したポリ（*N-n*-ブチルアクリルアミド）（PNBAAm）ゲルは疎水性が強く、氷水のような低温下でも収縮状態をとり水を吸って膨潤することはない。PNIPAAm ゲルのように温度応答性を示すゲルとしては、図 4-14 に示すようにポリ（*N-n*-プロピルアクリルア

第4章 網目鎖

| 親水性 | 感温性 | | | | 疎水性 |

膨潤度変化を示す応答温度
23 ℃　32 ℃　33 ℃　56 ℃

PDMAAm　PNPAAm　PDEAAm　PNIPAAm　PEMAAm　PNBAAm

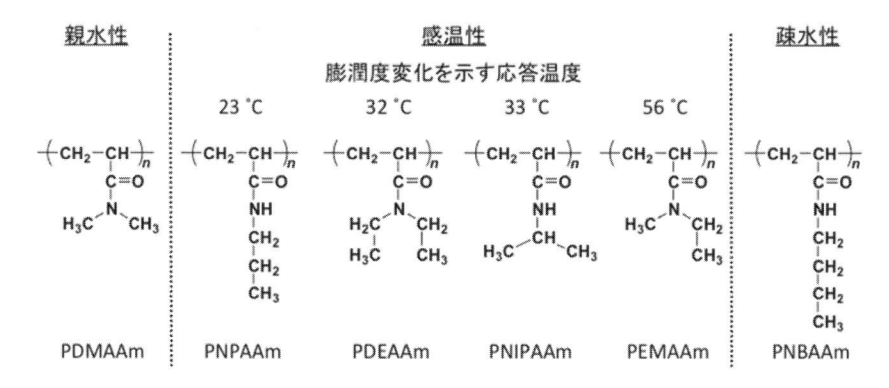

図4-14　様々なアクリルアミド誘導体のポリマー

ミド）（PNPAAm）ゲル、ポリ（*N,N*-ジエチルアクリルアミド）（PDEAAm）ゲル、ポリ（*N,N*-エチルメチルアクリルアミド）（PEMAAm）ゲルがあり、網目鎖の化学構造によって応答温度が変化する。

しかしながら、一種類のモノマーから合成される温度応答性ゲルは、モノマーと溶媒の親和性によって固有の応答温度を有するため、使用温度が限定されてしまう。この狭い使用温度域が実用化に向けた大きな課題となることが予想される。そのため、温度応答性ゲルの応答温度を自在に制御しようという研究が精力的に行われている。

4.6.2　共重合による温度応答性ゲルの応答温度の制御

応答温度の制御に有効な方法としては、複数のモノマーを共重合によって1本の網目鎖の中に繋ぎ合わせる方法がある。そのひとつの例として、共重合によってPNIPAAmゲルに親水性モノマーもしくは疎水性モノマーを導入した例について紹介しよう[10]。

図4-15には、親水性モノマーとしてDMAAm、または疎水性モノマーとして*n*-ブチル基を持つNBAAmを用い、NIPAAmと7：3の割合で共重合させることによって得られたゲルの温度変化に対する膨潤度変化の様子を示した。図では、すべてのゲルが膨潤状態となっている10℃における膨潤度を基準（V_0）として示している。図4-15からわかるように、NIPAAmに親水性モ

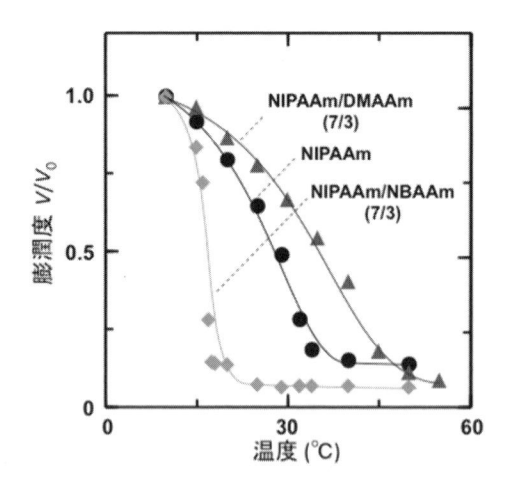

図 4-15　共重合による PNIPAAm ゲルの応答温度制御

ノマーを共重合させると網目鎖の水とのなじみがよくなって親水性が増すことにより、応答温度が高温側へシフトする。一方、疎水性モノマーと共重合させた場合には網目鎖の親水性が低下するために応答温度は低温側へとシフトする。この応答温度のシフト幅は、共重合に用いるモノマーの仕込み組成によってコントロールすることが可能である。このように、温度応答性ゲルが膨潤度変化を示す応答温度の制御において共重合が有効な手法であることがわかる。

このように、温度応答性ゲルをベースとして、親水性や疎水性成分を導入することによって水との親和性の程度を微調整し、応答温度を変化させることが可能である。

4.6.3　親水性モノマーと疎水性モノマーの共重合による温度応答性ゲル

単独では温度応答性ゲルを与えないモノマーを組み合わせることによっても温度応答性ゲルを得ることが可能であることが明らかとなった。第 4.2 節で述べたように、PNIPAAm ゲルの温度応答性は、NIPAAm モノマーユニット中にある親水性のアミド基への水和および疎水性のイソプロピル基による疎水性相互作用のバランスによって現れていると考えられる。この PNIPAAm

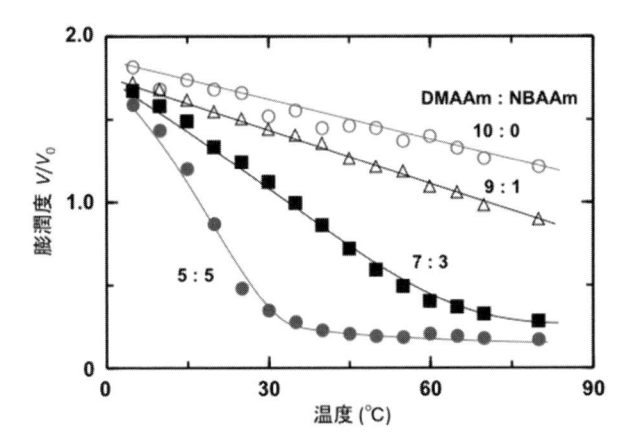

図 4-16 親水性モノマー（DMAAm）と疎水性モノマー（NBAAm）の共重合によって得られる共重合ゲルの温度応答性

ゲルが温度応答性を発現するメカニズムに着想を得て、親水性モノマーと疎水性モノマーを共重合させ、網目鎖全体で親水性と疎水性のバランスを取ることによっても、温度応答性ゲルが得られるのではないかと予想される。そこで、親水性モノマーである DMAAm と疎水性モノマーである NBAAm を様々な組成比で仕込んで共重合ゲルを調製した。得られたゲルの種々の温度における膨潤度を測定した。その結果を示したのが図 4-16 である。

膨潤度（V/V_0）は、ゲルが等方的に膨潤・収縮する性質を利用し、ゲル調製時の円筒状ゲルの直径（d_0）を基準として体積比（d/d_0）^{3} に換算することによって算出している。親水性モノマーである DMAAm のみからなるゲルは、水中で温度を変化させてもほとんど膨潤度は変化しない。これに対し、NBAAm との共重合によって得られた共重合ゲルにおいては、ゲル網目中の疎水性モノマーユニットの比率が増加すると、ゲルの大きな膨潤度の変化が狭い温度範囲で起こるようになる[10]。この温度応答性の発現は、PNIPAAm における温度応答性の発現と同様に、網目鎖中に導入された親水性部と疎水性部のバランスに基づくものと考えられる。

4.6.4　温度応答性共重合ゲルにおける非線形的な応答温度の変化

　PNIPAAm ゲル以外に、PNPAAm や PDEAAm は、それぞれ単独で調製したゲルが温度応答性を示すことが知られている。これらの単独でも温度応答性ゲルを与えるモノマーを2種類用いて共重合することによって得られるゲルの応答温度について興味深い現象が観察されている。二つのモノマーを組み合わせたゲルの性質は、通常それぞれのモノマーがどれだけ網目鎖中に含まれるかによって変化すると考えられる。すなわち、ゲルの様々な性質はモノマーの組成比に対して直線的に変化すると考えるのが一般的である。しかし、ともに温度応答性ゲルを与えるモノマーである DEAAm と NIPAAm を共重合することによって得られるゲルが膨潤状態から収縮状態に変化する応答温度は、図4-17に示した点線のように組成に対して直線的には変化せず、両モノマーがほぼ等量の組成比となった所で極小値を取る下に凸の曲線を示すこととなる[11-13]。この原因について詳細には明らかになっていないが、各モノマーユニットが相互に影響し合って水和の構造や水素結合の仕方が違っているのではないかと推定される。

　このように、様々なモノマーを組み合わせることによって応答温度を制御する試みがなされている。今後もモノマーの種類を広範囲に選択することで、種々の合成法を駆使して網目鎖の分子構造を制御することにより、温度応答

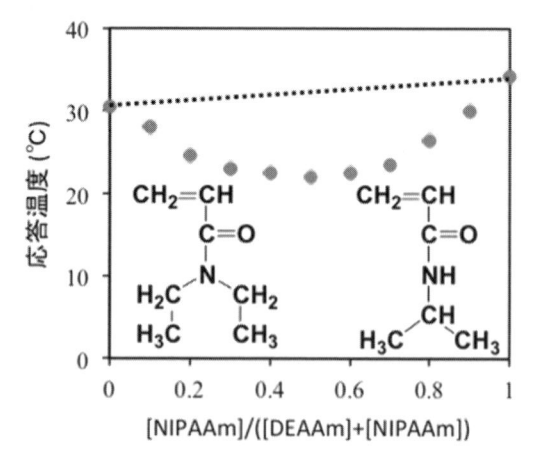

図4-17　DEAAm/NIPAAm 共重合ゲルの組成に対する応答温度の変化

性ゲルの応答温度制御が達成されていくものと期待される。

4.7 自励振動ゲル

高分子ゲルの刺激応答を巧みに利用した例として、吉田らによって研究が進められている自励振動ゲルがある[14]。従来の刺激応答性ゲルは、体積変化などのゲル自身の変化を起こすために外部から熱や光などの刺激を与える必要があった。これに対し自励振動ゲルは、ゲルの網目鎖中に周期的に刺激を与える仕組みを組み込むことによって、外部からの刺激が与えられなくてもあたかも心臓が拍動するかのように自発的かつ周期的に体積変化を繰り返す。

周期的に刺激を与える仕組みの代表的な例として、吉田らの系では生体代謝反応のモデルとされているBelousov-Zhabotinsky反応（BZ反応）が用いられている。BZ反応は、ルテニウム錯体などの金属触媒と臭化物イオンの存在下、マロン酸やクエン酸などの基質が臭素酸によって酸化される反応である。この反応の進行過程において、金属触媒の金属元素は酸化状態と還元状態との間を周期的に変化する。

自励振動ゲルでは図4-18に示すように、BZ反応触媒として働くルテニウムビピリジン錯体［$Ru(bpy)_3^{2+}$］を共重合により網目鎖に導入したPNIPAAmゲルを用いる。このゲルは、ルテニウム錯体の酸化状態／還元状態によって網目鎖と水との親和性が変化する。ルテニウム錯体は酸化状態のときに極性が高くなるため、網目鎖の親水性が上昇し、網目鎖は高温まで水との親和性を保持し、ゲルの応答温度は高温側へシフトする。

一方、ルテニウム錯体が還元されると還元状態の極性は低いため親水性が弱まり、低温でも網目鎖の凝集が起こりゲルの応答温度は低温側へシフトする。そのため、網目鎖に導入されているルテニウム錯体が酸化状態のゲルにおける応答温度とルテニウム錯体が還元状態におけるゲルの応答温度に差が生じることとなり、その間の温度範囲では、ルテニウム錯体が酸化状態となったときにゲルは膨潤し、還元状態となったときに収縮する。このゲルに一定温度の基質水溶液を含ませると、網目鎖に固定化されたルテニウム錯体を

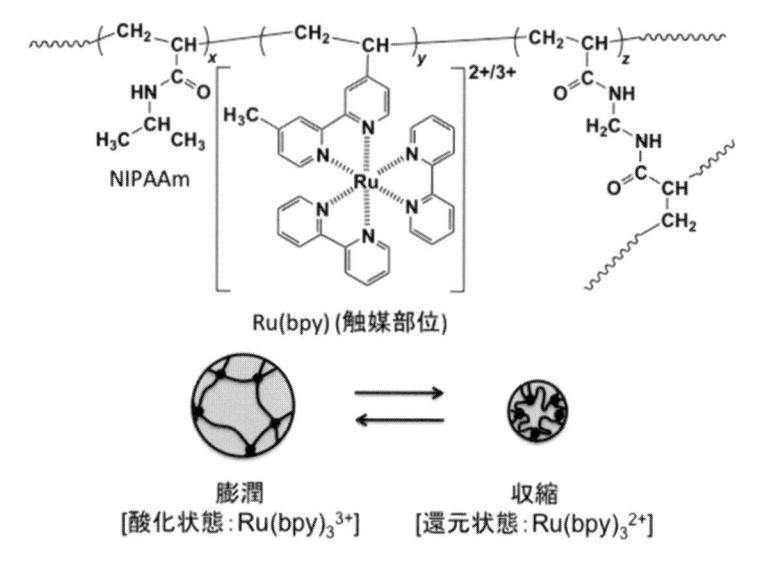

図 4-18 自励振動ゲルの化学構造

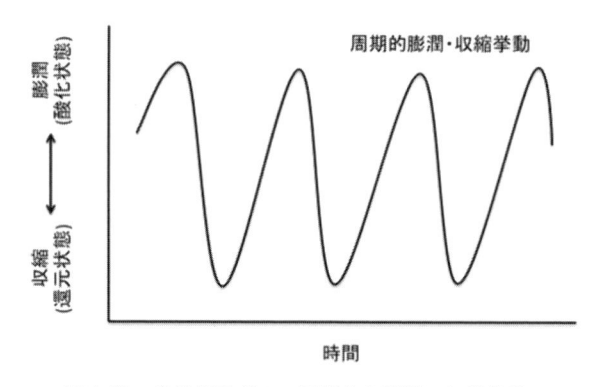

図 4-19 自励振動ゲルの周期的な膨潤・収縮挙動

触媒として BZ 反応が進行することとなる。この BZ 反応の進行に伴いルテニウム錯体の酸化／還元状態が周期的に変化し、図 4-19 に示すようにゲルは外部からの刺激を受けることなしに自発的に周期的膨潤・収縮運動を繰り返すこととなる。

このような自励振動ゲルの応用についても検討が進んでいる。例えば、周

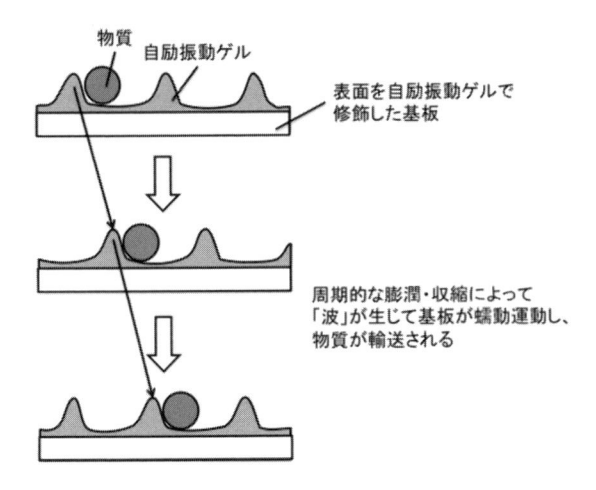

図4-20 自励振動ゲルで修飾した基板を用いた物質の輸送

期的に屈曲運動を繰り返し、尺取虫のように自律歩行するゲルアクチュエータの開発や[15]、自励振動ゲルを用いて基板の表面を修飾することにより、図4-20に示すように基板の表面上でゲルが自発的に蠕動運動することによりゲル上の物質の輸送が可能になることが示されている[16]。このように、従来の刺激応答材料とは違い、外部刺激を必要とすることなく自律的に機能を発現する点に自励振動ゲルの特徴があり、ゲルの機能性材料としての応用に向けて新たな可能性を提示している。

4.8 刺激応答性ゲルの展開

これまで外部刺激として温度に応答する刺激応答性ゲルを中心にゲルの面白さを述べてきた。ゲルが外部刺激に応答するということは、ゲルの外的な環境因子が網目鎖と溶媒の相互作用に影響することに起因している。網目鎖と溶媒の相互作用を変化させる温度以外の種々の因子が考えられることから、刺激応答性ゲルのいろいろなデザインが考えられる。そこで本項では、温度以外の外部刺激に応答するゲルについて紹介したい。

4.8.1 溶媒組成に応答するゲル

温度応答性ゲルについて説明したように、ゲルは一般的に外部から与えられた刺激や環境の変化に応答して膨潤度を変化させるものである。この膨潤度変化の大きさは、ゲルが保持される環境条件と刺激の大きさに応じて様々である。通常、ゲルの膨潤度の変化は可逆的であり、変化の過程でゲルの相図における不安定な領域を通過するときの膨潤度変化の振る舞いは、「体積相転移」と呼ばれる。ゲルの理論的扱いや相図については第6章を参照していただきたい。

ゲルの体積相転移は理論的に予想されていたが、その存在が実験的に初めて示されたのは、田中らによって調製されたポリアクリルアミドゲルを部分的に加水分解したものについてであった[17]。網目鎖に図4-21に示した化学構造を持つこのゲルは、水とアセトンの混合溶媒中において水とアセトンの混合組成比を変えると不連続にその膨潤度を変化させる。膨潤度変化の大きさは、ポリアクリルアミドゲルを加水分解する時間の長さによって変化し、加水分解によって生成するアクリル酸ユニットの量が大きな役割を果たしていると考えられる。

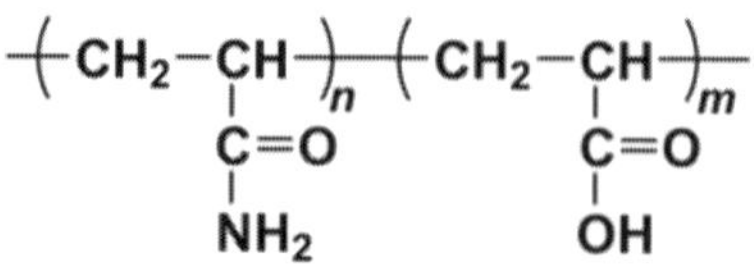

$$\left(\text{CH}_2-\text{CH}\right)_n\left(\text{CH}_2-\text{CH}\right)_m$$
$$\begin{array}{cc} | & | \\ \text{C=O} & \text{C=O} \\ | & | \\ \text{NH}_2 & \text{OH} \end{array}$$

図4-21　ポリアクリルアミドの部分的加水分解体

また、温度応答性ゲルの代表例として紹介したPNIPAAmゲルも溶媒組成の変化に応じて不連続な体積変化を示す[1]。PNIPAAmゲルは水中低温で膨潤しているが、溶媒である水にジメチルスルホキシド（DMSO）を加えていくと、DMSOの含率が33％になったところで急激に収縮状態へと変化する。このゲルの興味深いところは、DMSOの含率をさらに増加させていくと、DMSOの含率が92％に達したところで収縮状態から再び膨潤状態へと変化することである。このように膨潤状態から収縮状態を経て再び膨潤状態へと戻る現象は「回帰的体積相転移」と呼ばれる。PNIPAAmゲルではメタノールと水

の混合溶媒系やエタノールと水の混合溶媒系においても DMSO と水の混合溶媒系と同様に「回帰的体積相転移」を観察することができる。溶媒組成に応答するゲルは合成高分子から得られる合成ゲルだけではなく、天然ゲルにおいても見ることができる。ゼラチンやアガロース、DNA などの天然高分子からなるゲルも水とアセトンの混合溶媒中において不連続に膨潤度が変化することが知られている[18]。

4.8.2　pH 応答性ゲル

イオン性の官能基を有するゲルは、溶液中の pH の変化に応答してその膨潤度を変化させる。例えば、アクリル酸を導入したゲルでは、アルカリ性の高 pH 条件下でカルボキシル基が解離してカルボキシルアニオン（−COO⁻）となり、酸性の低 pH 条件下で非解離状態（−COOH）となる。また、アミノ基をゲル中に導入した場合には、低 pH の酸性条件下ではカチオン状態（$-NH_3^+$）を取り、高 pH のアルカリ条件下では無電荷状態（$-NH_2$）となる。イオン化が起こると、ゲルの網目における同符号の電荷同士の反発が増大するため、網目鎖が広がりゲルは膨潤する。ゲルの膨潤や収縮の状態は、理論的にはゲルの浸透圧を用いて考えられている。詳細は第 6 章で述べるが、浸透圧は

① 網目鎖のゴム弾性による力
② 網目鎖と液体との相互作用による力
③ 対イオンによる力
④ 網目鎖と液体の混合エントロピーによる力

の四つの和として定義される。pH 応答性ゲルでは、先ほど述べたように溶液中の pH に応じてイオンの解離状態が変化することから、③の対イオンによる力が大きく変化するため、膨潤度の不連続な変化が引き起こされると考えられる。

第 4.3 節において、刺激応答性ゲルの応用例のひとつとしてソフトアクチュエータを紹介した。ソフトアクチュエータのように化学エネルギーを力学エネルギーに変換する材料は「ケモメカニカル材料」と呼ばれる。刺激応答性高分子ゲルはケモメカニカル材料そのものである。最も初期の研究は 1940

年代に Katchalsky らによって行われた「メカノケミカルエンジン」である[19]。また、Katchalsky らは、さらに高性能化を図った「メカノケミカルタービン」も作製している[20]。

これらのケモメカニカル材料では、ポリアクリル酸やコラーゲンなどのように、カルボキシル基などのイオン解離基を有するゲルを用いている。カルボキシル基を有するゲルの場合、イオン化したカルボキシル基が増加すると、図 4-22 に示すようにマイナスイオン同士の反発が強まることによって高分子鎖が伸長する。Katchalsky らが作製したケモメカニカルシステムでは、系中の塩濃度の差によって生起される網目鎖の伸び縮みによって動作し、力学エネルギーが取り出されることとなる。

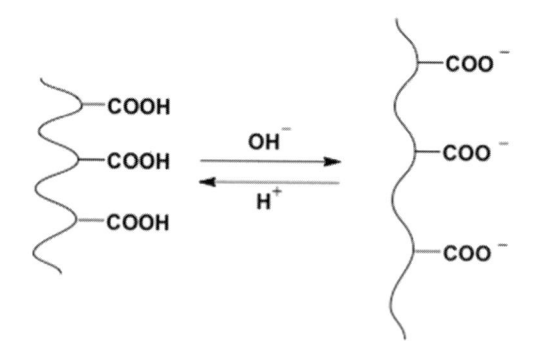

図 4-22　pH の違いによる高分子鎖の伸縮応答

溶媒組成の変化に応答するアクチュエータの例としては、鈴木らによって作製されたポリビニルアルコール／ポリアクリル酸／ポリアリルアミンのヒドロゲルコンポジットが挙げられる[21]。このゲルコンポジットは、図 4-23 に示す 3 種類のポリマーの水溶液を混合し、凍結・解凍を繰り返すことによって得られる物理ゲルである。3 種類のポリマーを複合化することによって、水中で膨潤し、アセトンやエタノールなどの有機溶媒中で収縮する性質を示すようになる。コンポジットを調製するときに行う凍結の速度を変化させることによって、ゲル中の微細構造が変化し、ゲルの強度や膨潤度変化の応答速度などのアクチュエータ特性をコントロールすることができることとな

図 4-23 ソフトアクチュエータとして調製されたヒドロゲルコンポジット

る。

4.8.3 電場応答性ゲル

イオンゲルのようにイオン解離基を持つゲルの場合、イオンの解離・非解離により膨潤度が変化する。この解離度を変化させる外部刺激として、pH 以外に電場を用いることができる。多くの場合、ゲルの電場への応答は、ゲル中におけるカチオンとアニオンの移動度の差によって起こる。例えば図 4-24 に示すように、棒状に成形したポリアクリル酸ナトリウムゲルに電極を接合し、電圧を印加した場合、棒状ゲルは屈曲する。これは、以下のように説明できる。多くのアニオン性官能基を持つ網目鎖は正極側へ移動しようとするが網目鎖は架橋によって束縛されているため、容易には動くことができない。一方、ゲル網目鎖に固定されたカルボキシル基の対カチオンであるナトリウムイオンは自由に動け、また、低分子であるため、図 4-24 に示したように溶媒中を負極側へと移動することができる。それに伴って負極側の浸透圧が高くなり、膨潤すると考えられる。そのため、ゲルは負極側で膨潤することに

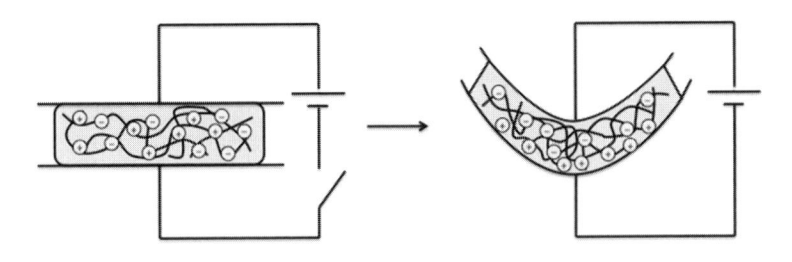

図 4-24 電場への応答による高分子ゲルの屈曲

なり、正極側に大きく屈曲する。これとは逆に、カチオン性の官能基を持つゲルでは、ゲルが屈曲する向きが逆となり、負極側に屈曲することになる。

　温度や pH に比べて電気信号は局所的に非常に制御しやすく、システムを小型化しやすいといった特徴があることから実用性の高さに期待が持たれ、様々な応用が試みられている。例として示したゲルの屈曲運動は、ゲルを薄くすればするほど高速化し、交流電場下で行うことによって屈伸運動を繰り返し行わせることができる。この運動を用いて長田らは並進運動するゲルを作製している[22]。また、高分子ゲルに対して金属電極を接合させたものについては、ゲルの構造や電極の接合の仕方を工夫することによって、屈曲だけでなく回転運動や三次元的な動きなど、様々な動きを得ることができるようになってきている。これらの運動を組み合わせることによって、将来的には任意運動を制御して行わせることができるものと期待される。

　特に医療分野において、電場に応答するソフトアクチュエータを先端に装着したカテーテルが注目を集めている。例えば、脳動脈瘤の手術においては、血管内で手術を行うことが可能になれば開頭手術よりも患者への負担が極端に少なくなると考えられる。血管内手術では、カテーテルや内視鏡を用いた手術が一般的であるが、従来のカテーテルでは細かな運動の制御が難しく、複雑に入り組んだ脳血管の中を患部まで誘導することが難しい。しかし、電場応答ゲルアクチュエータを先端部に装着したカテーテルは、電圧の印加の仕方によって運動の方向や角度を任意に調整することが可能であり、図 4-25

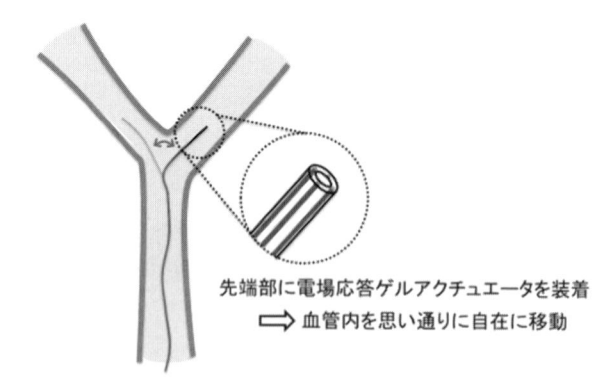

図 4-25　電場応答ゲルアクチュエータを装着したカテーテル

に示したように血管内を自在に動かすことが可能となる。このためより安全で、患者の QOL（Quality of Life）を向上させる手術の実現が期待され、臨床研究を経て既に製品化されたものも出てきている。

4.8.4 光応答性ゲル

　光によって分子の幾何構造を変化させたり、あるいはイオン化したりする官能基をゲルに導入することによっても刺激応答性ゲルを得ることができる。例えば、アゾベンゼンやトリフェニルメタンロイコ体などが光応答性部位として用いられている。図 4-26 に示すように、アゾベンゼンは紫外線（UV）照射によって高極性のシス型に変化し、可視光を照射すると低極性のトランス型に戻る。また、トリフェニルメタンロイコ体は、UV 照射するとイオン化し、暗所に放置するとイオン化が解消されて再び中性分子に戻るという性質を持っている。これらの光応答性部位をゲル中に導入すると、UV 照射によってゲルの極性が高くなるためより多くの水をゲル中に取り込むため、ゲルは膨潤し、ゲルに可視光を照射したり、ゲルを暗所に放置したりすることによって極性が低化するためゲル内部から水を放出することとなり収縮するといった光応答性を示すようになる。

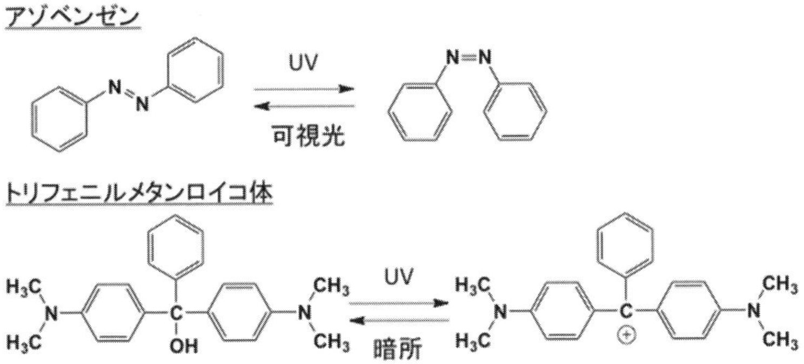

図 4-26　光応答性の官能基

参考文献

1. Hirokawa, T.; Tanaka, T. *J. Chem. Phys.* **1984**, *81*, 6379-6380.
2. 足立達也、伊田翔平、谷本智史、廣川能嗣　高分子学会予稿集 **2012**, *61*, 1443.
3. Yamada, N.; Okano, T.; Sakai, K.; Karikusa, F.; Sawasaki, Y.; Sakurai, Y. *Makromol. Chem. Rapid Commun.* **1990**, *11*, 571-576.
4. Akiyama, Y.; Kikuchi, A.; Yamato, M.; Okano, T. *Langmuir* **2004**, *20*, 5506-5511.
5. Fukumori, K.; Akiyama, Y.; Yamato, M.; Kobayashi, J.; Sakai, K. Okano, T. *Acta Biomaterialia* **2009**, *5*, 470-476.
6. Shimizu, D.; Yamato, M.; Kikuchi, A.; Okano, T. *Tissue Eng.* **2001**, *7*, 141-151.
7. Yoshida, R.; Uchida, K.; Kaneko, Y.; Sakai, K.; Kikuchi, A.; Sakurai, Y.; Okano, T. *Nature* **1995**, *374*, 240-242.
8. Yan, H.; Fujiwara, H.; Sasaki, K.; Tsujii, K. *Angew. Chem. Int. Ed.* **2005**, *44*, 1951-1954.
9. 伊藤昭二　高分子論文集 **1990**, *47*, 467-474.
10. 河原徹、伊田翔平、谷本智史、廣川能嗣　高分子ゲル研究討論会講演要旨集 **2013**, *24*, 7-8.
11. 河原徹、中津良登、藤田裕貴、伊田翔平、谷本智史、廣川能嗣　高分子学会予稿集 **2012**, *61*, 1444.
12. Keerl, M.; Richtering, W. *Colloid & Polym. Sci.* **2007**, *285*, 471-474.
13. Maeda, Y.; Yamabe, M. *Polymer* **2009**, *50*, 519-523.
14. Yoshida, R.; Takahashi, T.; Yamaguchi, T.; Ichijo, H. *J. Am. Chem. Soc.* **1996**, *118*, 5134-5135.
15. Maeda, S.; Hara, Y.; Sakai, T.; Yoshida, R.; Hashimoto, S. *Adv. Mater.* **2007**, *19*, 3480-3484.
16. Murase, Y.; Maeda, S.; Hashimoto, S.; Yoshida, R. *Langmuir* **2009**, *25*, 483-489.
17. Tanaka, T.; Fillmore, D.; Sun, S.-T.; Nishio, I.; Swislow, G.; Shah, A. *Phys. Rev. Lett.* **1980**, *45*, 1636-1639.
18. Amiya, T.; Tanaka, T. *Macromolecules* **1987**, *20*, 1162-1164.
19. Steinberg, I. Z.; Oplatka, A.; Katchalsky, A. *Nature* **1966**, *210*, 568-571.
20. Sussman, M. V.; Katchalsky, A. *Science* **1970**, *167*, 45-47.
21. 鈴木誠　高分子論文集 **1989**, *46*, 603-611.
22. Osada, Y.; Okuzaki, H.; Hori, H. *Nature* **1992**, *355*, 242-244.

第 5 章　架 橋 点

　ゲルの最大の特徴は三次元の網目構造を持っていることにある。網目構造を持つために欠かせないものが架橋点の存在である。本章では、ゲルを形作るための重要な要素である架橋点に焦点を当てながら、ゲルを合成する方法について説明するとともに、架橋構造を工夫することによって得られた高機能性ゲルに関する最近の研究について考えてみたい。

5.1　架橋点の分類

　架橋点とは、高分子からなる網目鎖同士が結合する点のことである。この架橋点に用いられる結合の様式によってゲルを分類することができ、図 5-1 に示すように化学ゲル、物理ゲル、トポロジカルゲルの 3 種類に大きく分類される。化学ゲルは共有結合によって架橋されたゲルのことを指し、人工的に合成されるゲルの大半が化学ゲルである。物理ゲルは共有結合に比べて結合力の弱いイオン結合や水素結合などの非共有結合によって架橋されたゲル

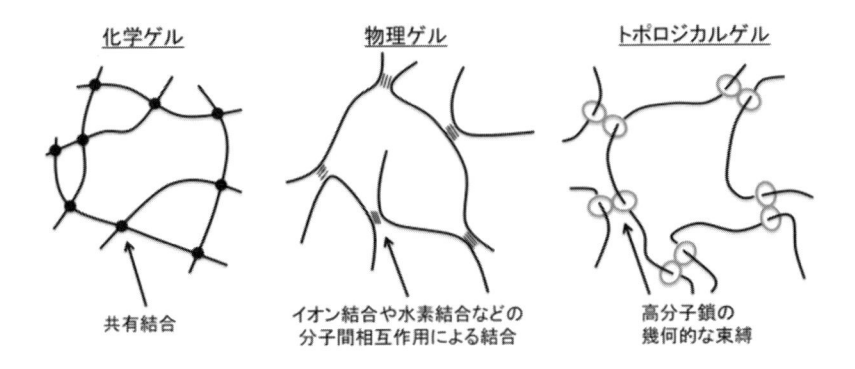

図 5-1　架橋点の結合様式によるゲルの分類

である．この非共有結合によってできる架橋点は温度や溶媒組成の変化などによって可逆的に解離・生成し，ゲルからゾルへ，またゾルからゲルへ転移する．自然界に存在する天然ゲルにはこのような物理ゲルがよく見られる．

　高分子の絡み合いも架橋点として働き，ゲルが得られることがある．この絡み合いによる架橋に類似した架橋点を持つゲルとして，近年報告されたトポロジカルゲルがある．トポロジカルゲルについては第 5.9 節で解説するように，ロタキサン構造と呼ばれる特徴的な構造を利用したものである．このロタキサン構造とは，図 5-2 に示すように環状構造を持つ分子の環の中に，直鎖状の高分子などの線状分子が貫通した構造，例えば，高分子が指輪をしたような構造である．トポロジカルゲルでは，このロタキサン構造を利用し，環状になった分子の環の中を貫通する高分子の末端に嵩高いストッパー置換基が結合していることによって，高分子鎖が環状分子から抜け落ちないようになっている．このため他の架橋点と異なり，網目鎖上の架橋点となる位置は変化するものの，空間的な束縛によって架橋そのものは解けることなくゲルとなっている．

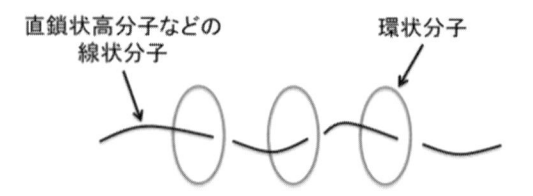

図 5-2　ロタキサン構造

　ゲルが持つ架橋点はそのゲルの調製法と密接に関係している．その調製法は重合によって網目鎖を合成すると同時に架橋反応を行う方法と，あらかじめ直鎖状の高分子鎖を合成し，次のステップでこの直鎖状高分子を架橋する方法（「後架橋法」）とに大別することができる．第 5.2 節以降では，ゲルの様々な調製法と，それによって得られるゲルの構造および性質について見ていきたい．

5.2 化学ゲルの合成法

　化学ゲルは、共有結合によって高分子が架橋されているゲルである。化学ゲルの架橋点は共有結合であるため、イオン結合や水素結合などの非共有結合によって形成される物理ゲルと比較して、架橋点の結合はいったん生成すると切れることはなく不可逆的でありその強度は非常に強い。したがって、化学ゲルの架橋点は一度生成すると位置を変えることがないため、構造的にも安定なゲルが得られるという特徴を持っている。ゲル構造が安定であるためゲルの性質も変化しないと考えられることから、応用に用いられている合成ゲルの大部分は化学ゲルである。

　化学ゲルの中でも、炭素-炭素二重結合を有するビニルモノマーから合成されるビニル系高分子由来のゲルについては非常に広範な研究が進められている。ビニルモノマーは側鎖に様々な官能基を導入することができるため、重合によって得られる高分子は様々な機能を持ち、非常に有用な材料である。このようなビニルモノマーを用いたゲルの合成法は図 5-3 に示すように二つの方法が考えられる。

　ひとつはビニルモノマーにジビニル化合物を架橋剤として加えて共重合することによってゲルを得る方法である。この方法では、モノマーが重合して網目鎖が生成されていくと同時に架橋点が形成される。もうひとつの方法は、あらかじめビニルモノマーの重合を行うことによって反応性部位を有する高分子を合成した後、得られた高分子を架橋剤を用いて高分子反応させることによって架橋点を導入しゲルを得る方法である。この方法は、網目鎖を合成した後に架橋点を形成させることから、「後（あと）架橋法」によるゲル合成と呼ばれる。後架橋法は、ビニルモノマーに限らず、ポリエチレングリコール（PEG）などの架橋にも用いられる。

　本書では、ビニル系高分子由来のゲルの合成法について詳しく見ていくが、その前に読者の理解を助けるためにゲル合成の基本となる重合反応について説明することにしたい。もし、重合反応について既に知見があれば、第 5.3 節、5.4 節は読み飛ばしていただいてもよい。

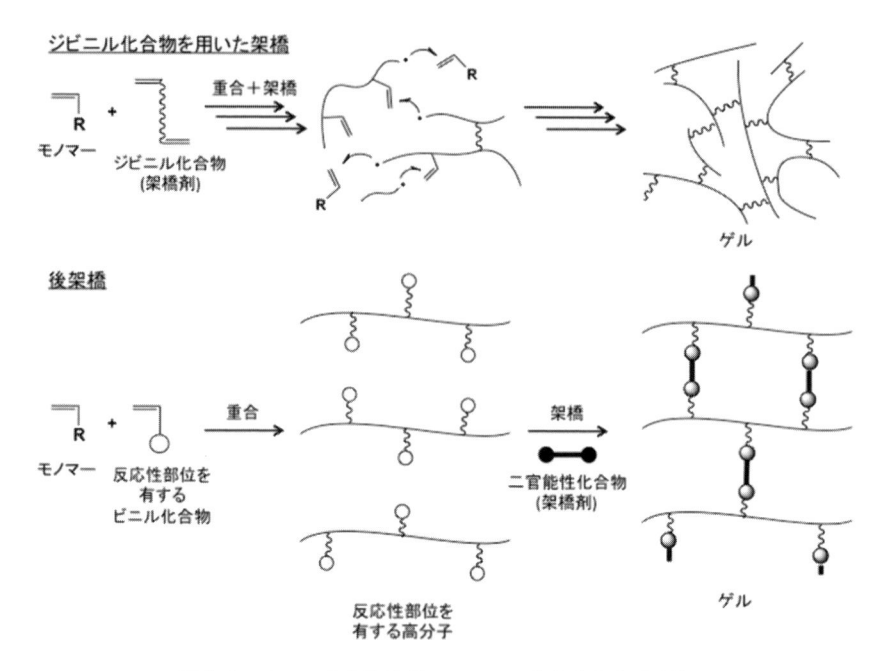

図 5-3　ビニル系高分子ゲルの二つの代表的な合成方法

5.3　ラジカル重合

5.3.1　ラジカル重合の特徴

　ビニルモノマーの重合反応は、ゲルを合成するための基礎となる重要な反応である。重合反応が進行するとビニルモノマーが共有結合により多数繋がり、網目鎖が形成される。このときジビニル化合物が共存すれば、ひとつの分子中にある二つのビニル基がどちらも重合反応に関与することとなり架橋点が自動的に形成され、ゲル化が進行することとなる。

　ビニルモノマーの重合は機構的に分類され、付加重合であるアニオン重合、カチオン重合、ラジカル重合が挙げられる。これらの重合反応では、図 5-4 に示すように開始剤と呼ばれる化合物から生成した反応活性種が、ビニルモノマーの二重結合と反応することにより重合反応が開始され、次々とモノマ

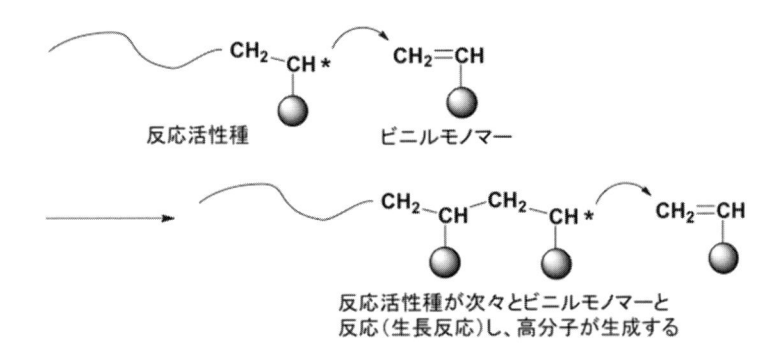

図 5-4 反応活性種とビニルモノマーの反応による高分子の生成

ーと連鎖的に反応することによって分子が伸長し、高分子となる。この活性種の電子的な性質によって反応機構が分類され、活性種が炭素アニオン（陰イオン）の場合はアニオン重合、活性種が炭素カチオン（陽イオン）の場合はカチオン重合、活性種が電気的に中性なラジカルの場合はラジカル重合と呼ばれる。これらの重合法はモノマーの構造によって選択され、アクリレートなどの電子吸引性の置換基を有するモノマーにはアニオン重合、ビニルエーテルなどの電子供与性置換基を有するモノマーにはカチオン重合が通常適用される。

とりわけラジカル重合は、反応活性種が電気的に中性のラジカルであるために、モノマーの置換基は電子吸引性でも電子供与性でもよく、非常に多くの種類のモノマーに用いることができる重合法である。また、アニオン重合やカチオン重合のように、反応活性種がイオンの重合では、活性種が水酸基（$-OH$）やアミノ基（$-NH_2$）、カルボキシル基（$-COOH$）といった官能基と反応するため、これらの官能基を有するモノマーを直接重合することができず、重合するためにはこれらの官能基を活性種に不活性な保護基で保護しなければならない。しかし、ラジカル重合では官能基を保護する必要がなく、手法的に簡便であるため、最も一般的に用いられる。

さらに、イオン重合では重合系の中に存在する微量の水などの不純物の影響を受けやすく、高度に精製・脱水したうえで反応することが必要であるが、ラジカル重合では水を溶媒に用いても重合を行うことができ、大変有用であ

る。ただし、ラジカル重合反応は酸素によって阻害されるため、十分な脱気を行うとともに窒素やアルゴンなどの不活性ガス雰囲気下で行うことが必要である。

5.3.2 ラジカル重合の反応機構

次に、ラジカル重合の反応機構について見ていこう。ラジカル重合は一般的に、開始反応、生長反応、停止反応、連鎖移動反応の四つの素反応が同時進行的に起こっている。これら四つの反応式を図5-5に示した。

ラジカル重合ではまず開始反応が起こる。開始反応は、熱や光などの刺激によって開始剤 (I–I) が分解され活性種である一次ラジカル (I・) が生成し、ビニルモノマーの二重結合に付加し、モノマーラジカルが生成する反応である。この開始反応によって生成したモノマーラジカルは、ビニルモノマーの二重結合へと次々に付加を繰り返すことによって重合度を増加させ高分子となる（生長反応）。

ラジカル重合の反応活性種である炭素ラジカルは非常に反応性が高いた

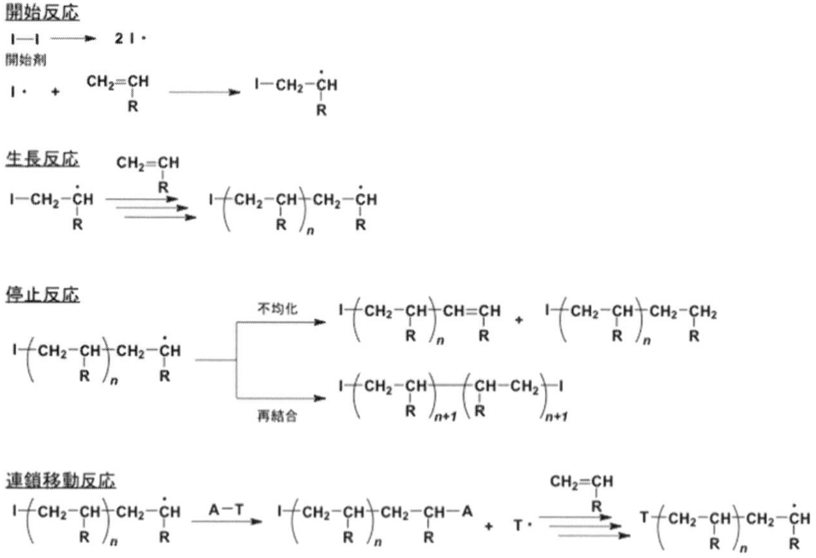

図5-5 ラジカル重合の四つの素反応

め、生長反応とともに停止反応や連鎖移動反応といった副反応も引き起こす。停止反応は、二つの生長ラジカル同士の反応あるいは停止剤など他の分子との反応によってラジカルが失活する反応である。二つの生長ラジカル同士の反応では、図 5-5 に示すように一般に不均化と再結合の 2 種類がある。不均化と再結合のどちらの反応が起こりやすいかは生長ラジカルの構造によって異なり、起こる反応の種類によって高分子の末端構造は変化する。不均化が起こった場合には一方の高分子の末端には二重結合が導入されるが、再結合が起こった場合には高分子 2 分子が結合するため分子量は結合した高分子の分子量の和となり、増加する。

　連鎖移動反応は高分子 1 本を見た場合停止反応に似ており、高分子鎖の生長ラジカルが重合系中に存在する他の分子と反応することによって失活し、もはや分子量は増大しなくなる。しかし、連鎖移動反応と停止反応との大きく異なる点は、停止反応では新たに活性種であるラジカルが生じないのに対し、連鎖移動反応では、「移動反応」との名のとおり、活性種と反応した分子上に新たにラジカルが生成することである。最初高分子鎖上にあったラジカルが、あたかも反応した他の分子上に移動したことになる。このような連鎖移動反応を起こす分子としては水やトルエンなどの溶媒分子や未反応のモノマーが挙げられる。

　一般には副反応とみなされる連鎖移動反応であるが、積極的に利用することにより高分子構造の制御を行おうとする試みが精力的に行われている。例えば、ラジカル重合系に 1 分子中に官能基と SH 基を有するチオール化合物を添加しておくと、連鎖移動反応によって官能基を持つチオール化合物由来の官能基を高分子の末端に導入することができる。第 4 章で解説したグラフトゲルの合成においては、図 5-6 に示すように、グラフト鎖となるマクロモノマーの合成にこの手法が用いられている。

　図 5-6 に示した手法では、N-イソプロピルアクリルアミド（NIPAAm）のラジカル重合系中にアミノ基を有するチオール化合物を共存させることにより、得られる高分子の末端にアミノ基を導入することができる。このアミノ基を用いて、アミノ基と優先的に反応する活性エステルと呼ばれる官能基を持つビニルモノマーと反応させることで、側鎖にポリ NIPAAm（PNIPAAm）

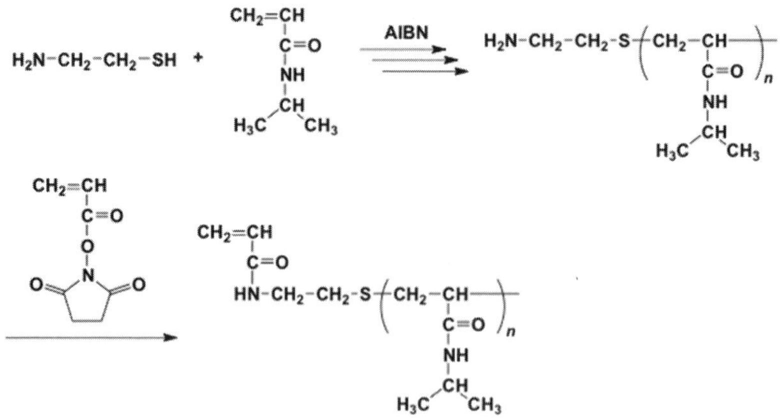

図 5-6　連鎖移動反応を用いたマクロモノマーの合成

を有し、末端にラジカル重合性の二重結合を有する高分子型モノマー（マクロモノマー）を合成することができる。このマクロモノマーを用いてゲルを調製すると、網目鎖から直鎖状の高分子が分岐して存在するグラフトゲルが得られるのである。

　ラジカル重合では四つの素反応がどのように並行して起こるかによって、重合の速度や得られる高分子の分子量や分子量分布、構造が決まる。このため、高分子の分子量や分子量分布、構造を制御しようとしても、四つの素反応をすべてコントロールすることは難しく、なかなか望みどおりの分子量や構造を有する高分子を得ることはできない。例えば、分子量の大きな高分子を得ようと考えたとき、開始剤1分子あたりに反応するモノマーの量を増やすために開始剤の濃度を低下させ、モノマー濃度を高くすることを思いつく。しかし実際には、開始剤濃度の低下は重合速度の低下に繋がり、また不純物の影響を受けやすくなるため思うように重合が進まなくなるといったことや連鎖移動反応により望みどおりの分子量を有する高分子を得ることは非常に難しい。

　最近では、生長ラジカルの生成に可逆的な反応を用いることによって停止反応や連鎖移動反応を抑制し、分子量や分子量分布に加えて末端構造などの

高分子構造の制御が可能な「リビングラジカル重合系」が実現され、広く利用されるようになってきている。このリビングラジカル重合のゲル合成における重要性については第 5.6 節で解説する。

5.4　ラジカル共重合

　ラジカル重合によってゲルを合成する上で重要となってくるのが共重合である。共重合とは、2 種類以上のモノマーを用いて重合を行うことであり、得られる高分子 1 本の中にすべての種類のモノマーが取り込まれる。得られる高分子 1 本の中での種類の異なるモノマーユニットの並び方によって得られる高分子を分類することができる。いま、2 種類のモノマーを用いた場合について図 5-7 に示した。高分子 1 本の鎖の中で 2 種類のモノマーユニットの並び方が完全にランダムなものをランダム共重合体、2 種類のモノマーユニットが交互に並んでいるものを交互共重合体、2 種類のモノマーユニットがそれぞれブロック的に並んでいるものをブロック共重合体などといった具合である。

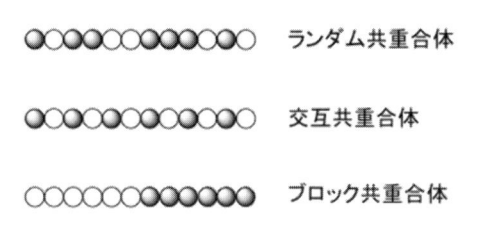

図 5-7　共重合体の種類と構造

　このような共重合体中におけるモノマーユニットの並び方（配列）は、共重合に用いるモノマーの組み合わせ、すなわち種類の異なるモノマーの相対反応性によって変化する。図 5-8 に示すモノマーA とモノマーB の共重合を例にとって考えてみると、生長ラジカルを持つ高分子末端のモノマーユニットとして A･と B･の 2 種類が考えられる。これら 2 種類の生長ラジカルが次のモノマーと反応する場合、モノマーA もしくは B との反応が考えられる。

第 5 章　架橋点

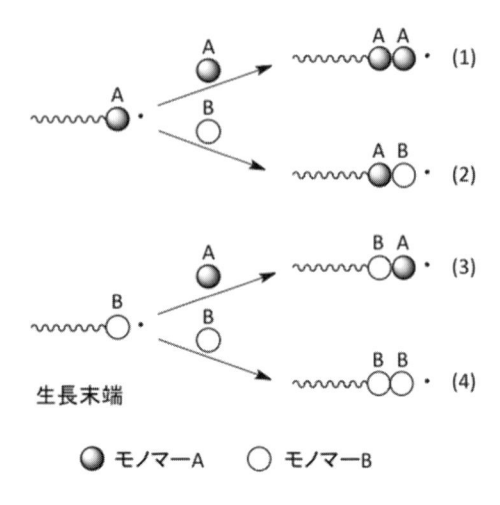

図 5-8　共重合における生長反応

つまり図 5-8 に示すように、A 由来の生長末端ラジカルがモノマーA に付加する反応（1）と B に付加する反応（2）、および B 由来の生長末端ラジカルが A に付加する反応（3）と B に付加する反応（4）の 4 種類である。

いま、モノマーA と B について、生長ラジカルとモノマーの反応性を仮定して、これら 4 種類の付加反応がどのように起こるかを考えると、図 5-9 に示したように得られる高分子 1 本の中におけるモノマーユニット A および B の配列が予想できる。生長ラジカルの末端のモノマーユニットの構造に関わらず、モノマーA の付加反応の速度と B の付加反応の速度が等しい場合［(1) = (2)，(3) = (4)］を理想共重合と呼ぶ。つまり、生長ラジカルの末端がモノマーA 由来であろうがモノマーB 由来であろうが、続いて反応するモノマーはその種類に関わらず仕込みのモノマー濃度比によって決まることになるため、得られる高分子の組成はモノマーA および B の仕込み濃度と等しくなり、また、A と B の配列構造は完全にランダムとなる。

これに対し、生長ラジカル末端のモノマーユニットの構造に関わらずモノマーA との反応が進みやすい場合［(1) >> (2)，(3) >> (4)］には、得られる高分子中のモノマーユニットの組成は仕込みのモノマー濃度よりも多くのモノマーA が導入されることになる。生長ラジカル末端のモノマーユニットが

第 5 章　架 橋 点

(1) = (2), (3) = (4)：両モノマーの反応性が等しい場合

　　　　　　　　　　　　　　　ランダム共重合体

(1) >> (2), (3) >> (4)：モノマーAとの反応が進みやすい場合

　　　　　　　　　　　　　Aが多く含まれた
　　　　　　　　　　　　　ランダム共重合体

(1) << (2), (3) >> (4)

　　　　　　　　　　　　　交互性の高い共重合体

(1) >> (2), (3) << (4)

　　　　　　　　　　　　　ブロック性の高い共重合体

● モノマーA　　○ モノマーB

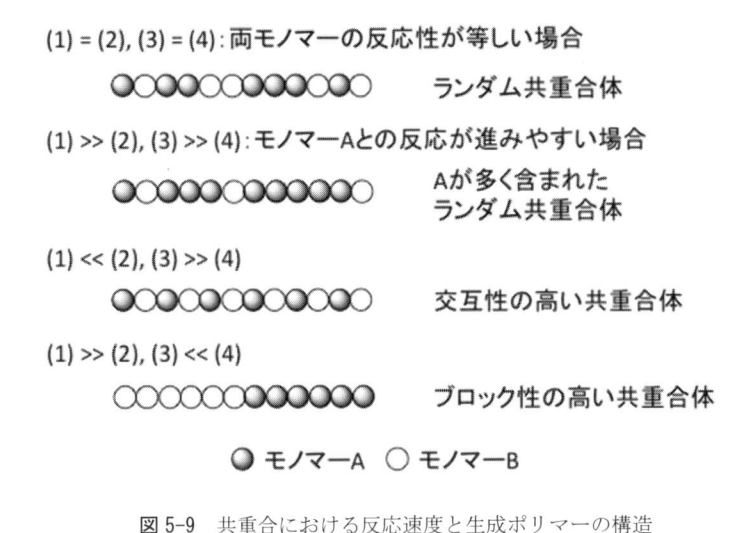

図 5-9　共重合における反応速度と生成ポリマーの構造

A のときモノマーB と反応しやすく、生長ラジカル末端のモノマーユニットが B のときモノマーA と反応しやすい場合［(1) << (2), (3) >> (4)］には、得られる高分子中のモノマーユニットの並び方は交互性の高い共重合体となる。逆に、生長ラジカル末端のモノマーユニットが A のときモノマーA と反応しやすく、生長ラジカル末端のモノマーユニットが B のときモノマーB と反応しやすい場合［(1) >> (2), (3) << (4)］は、ブロック性の高い共重合体となる。

　このように共重合におけるモノマーの反応性の違いから、共重合によって得られる高分子中のモノマーユニットの並び方とその組成を予測することができる。様々なモノマーの組み合わせについて長年共重合の研究が行われており、モノマー反応性などのデータが蓄積されているので、ゲル合成においても参考にすることができる[1]。ゲルの合成においては、モノマーと架橋剤であるジビニル化合物の共重合と考えられ、その反応性の違いによって架橋点の分布が変化するため、共重合を理解することはゲルの構造を考えるうえで大変重要なポイントである。この点について次節で説明する。

5.5　ジビニル化合物を用いた架橋

ラジカル重合によってゲルを合成する方法として一般的には、二つのビニル基を有するジビニル化合物を架橋剤として用い、ビニルモノマーと共重合することによってゲルを合成する方法が用いられる。図 5-10 に示すように、ジビニル化合物にある二つのビニル基は、それぞれが反応に関与する。重合においてジビニル化合物の片方のビニル基が反応すると、側鎖にビニル基をぶら下げた構造を持つ高分子（a）が生成する。この側鎖のビニル基に対して別の高分子ラジカルが攻撃し反応することによって二つの高分子の間に架橋点（b）ができる。このようなジビニル化合物を介した高分子間の反応が進行していくことによって、三次元網目が形成されゲルが生成する。代表的なジビニル化合物としては図 5-11 に示す N,N'-メチレンビスアクリルアミド（MBAAm）やエチレングリコールジメタクリレート（EGDMA）がよく用いられる。

開始剤としては、水を溶媒とするときは水溶性の過硫酸アンモニウム（APS）などの過硫酸塩を用いることが多く、有機溶媒中でゲル合成を行うときにはアゾビスイソブチロニトリル（AIBN）や過酸化ベンゾイル（BPO）などの脂溶性開始剤がよく用いられる。AIBN などアゾ結合（−N=N−）を有するアゾ開始剤は、置換基の構造の違いによって分解速度（すなわち、ラジカルを

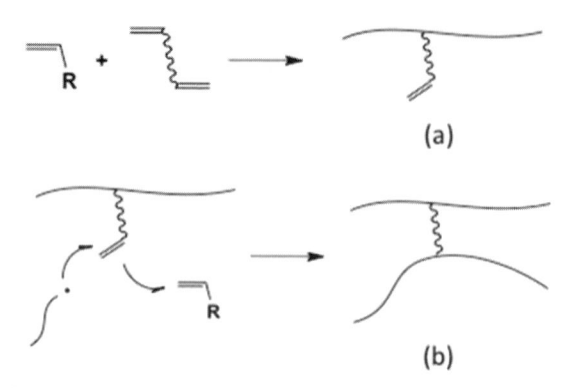

図 5-10　ジビニル化合物を用いたフリーラジカル重合におけるゲルの生成過程

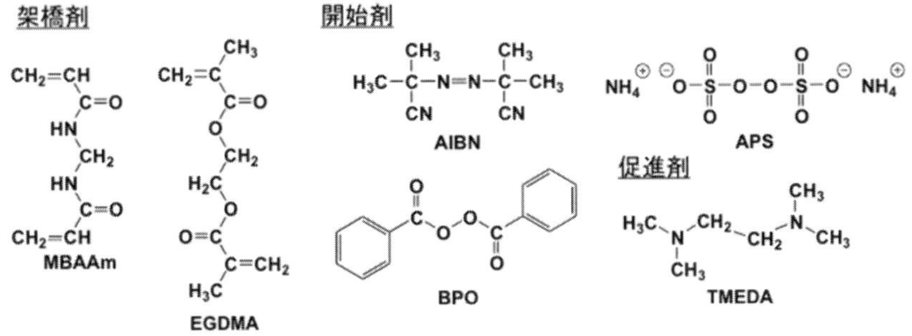

図 5-11 ゲル合成に用いる一般的試薬

生成する速度）に違いがあるため、重合温度や用いる溶媒への溶解性に合わせて適切な開始剤が選択して用いられる。また、水中、低温下でゲルを合成するときには、低温下でも容易にラジカルが発生するように過硫酸塩に加えてテトラメチルエチレンジアミン（**TMEDA**）などの促進剤を用いることが多い。

用いる試薬の組み合わせや濃度によって、得られるゲルの構造は大きく影響を受ける。モノマーとジビニル架橋剤の組み合わせについて考えると、第5.4 節で説明したように両者の反応性の違いによって高分子鎖中の架橋点の位置に分布が生じることが予想される。つまり、架橋剤がブロック的に導入される傾向が強くなると、架橋点が密になった部分を持つ不均一な構造のゲルが得られる。これに対し、架橋剤が高分子鎖中に均一に導入されると、架橋点が均一に分布した三次元網目のゲルが得られる。

このように網目鎖中の架橋点の数が同じでも、架橋点がゲルの三次元網目中にどのように分布しているかによってゲルの構造は大きく変化する。図 5-12 には、ゲルの網目構造の代表例として均一網目構造と不均一網目構造を模式的に示した。均一網目構造は理想網目ともいわれ、それぞれの架橋点間網目鎖の分子量が等しく、また、ひとつの架橋点に繋がる網目鎖の数が等しく、その結果架橋点が均一に分布した構造となっている。一方、不均一網目構造は架橋点間網目鎖の分子量がまちまちで、その結果架橋点の空間分布に疎密が生じることとなる。実際のゲルは多少なりとも不均一性を有していると考

均一網目　　　　　　　　　　　不均一網目

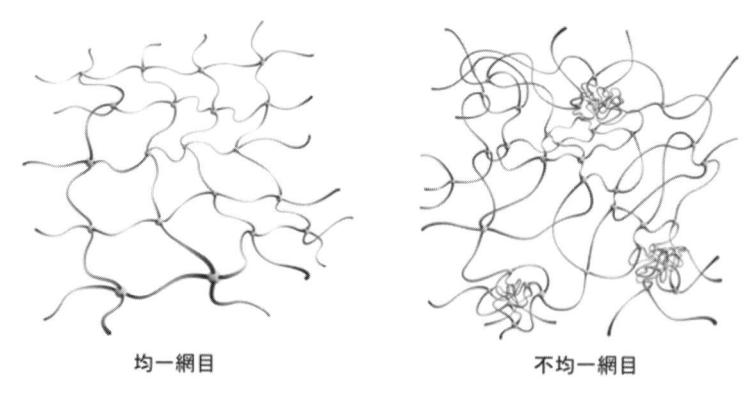

図 5-12　網目の均一性

えられ、このような不均一性が、ゲルの力学的強度や透明性などゲルの性質に大きく影響すると考えられる。

ゲルの三次元網目の不均一性が及ぼす影響について、PNIPAAm ゲルを例に挙げて詳しく見てみたい。PNIPAAm ゲルを調製するとき、温度によって得られるゲルの透明度は大きく変わる。図 5-13 は、開始剤に APS、促進剤に TMEDA、架橋剤に MBAAm を用い、種々の温度において水中でラジカル重合によって合成された PNIPAAm ゲルの外観を示している[2]。20℃や25℃のような低温下で合成したゲルは透明度が高いが、合成温度が高くなるとゲルの透明度は低下し、白濁してくることがわかる。

ゲルの調製温度

20°C　　25°C　　27°C　　32°C　　38°C

図 5-13　種々の温度で調製された PNIPAAm ゲルの室温（23℃）での外観（白いリングの内側がゲルである。外側の白いリングはテフロン製のゲル調製セルである）

このゲル化における白濁現象について、架橋点を含まない PNIPAAm 溶液と比較して模式図的に示したのが図 5-14 である。ゲルの白濁はゲル中に可視光

第5章 架橋点

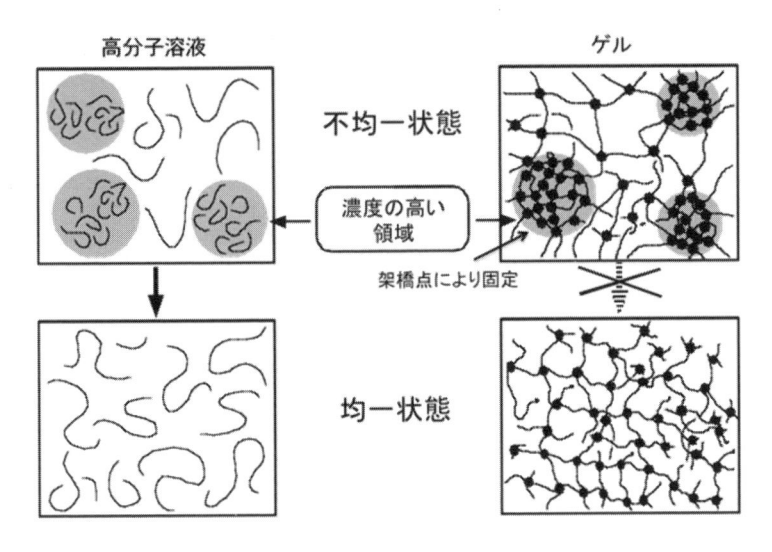

図5-14 均一性の発現過程における高分子溶液とゲルとの違い

の波長程度（400〜800 nm）の大きさの不均一性が発生したことを示し、ゲルにおける構造の不均一性が見た目にも明確に現れた例である。この不均一性は、調製温度における PNIPAAm の相分離によって生じていると考えられる。第4.2節で見たように、PNIPAAm は水中で LCST 型の温度応答挙動を示すため、相転移温度以上ではこの網目鎖は相分離して水に不溶となり凝集する。線状高分子の水溶液においては、相転移温度以上では線状高分子は相分離して凝集するが、架橋点が存在しないために温度を下げれば高分子は拡散することができ、図5-14に示したように均一な状態へ戻ることができる。一方、ゲルにおいては、架橋によって不均一性が固定されてしまうため、均一な状態となることはできない。

図5-15には、異なる調製温度におけるゲルの生成機構の違いを模式的に示した[3]。高温で PNIPAAm ゲルを調製した場合には、相分離によって生じた凝集構造が架橋反応により固定化されるため静的な不均一性が生じ、この不均一性が白濁として観察される。このようにして得られた白濁したゲルは、相転移温度以下に冷却しても透明とはならない。この現象からも、架橋によって不均一性が凍結されたということが確認できる。一方、20℃のような低

68　　　　　　　　　　　第 5 章　架橋点

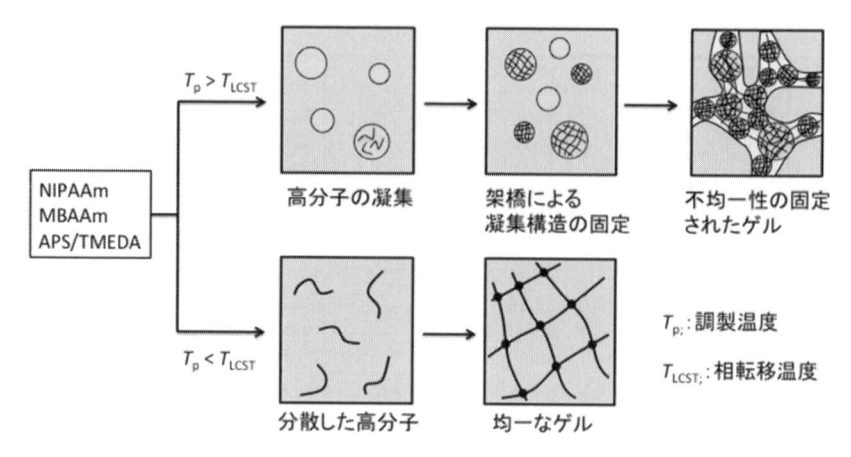

図 5-15　PNIPAAm ゲルの調製温度の違いによるゲル生成機構の違い

温下でゲルを調製する場合には、図 5-15 に示したように相分離による高分子の析出が起こらないため、得られるゲルは大きな不均一性を伴わず透明である。

この透明なゲルを相転移温度以上に加熱するとゲルは収縮を始める。この収縮の過程で図 5-16 に示すようなゲルの白濁が見られる。これはゲルが相図（ゲルの相図については第 6 章で説明する）の中でスピノーダル領域に入ったことによりミクロ相分離を起こしたためである。しかし、このゲルを冷却すると再び透明なゲルに戻り、このゲルの白濁が示す不均一性は凍結されたものでなく、第 2 章で述べた動的な不均一性のひとつである。

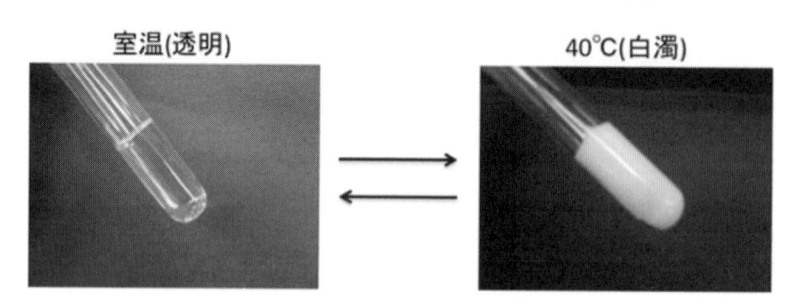

図 5-16　相転移温度以下（調製温度 15℃）で調製した PNIPAAm ゲルの温度応答挙動

5.6　リビングラジカル重合を用いたゲルの合成

　DNA やタンパク質など、生体内で合成される天然高分子は、分子量や立体構造、さらにはモノマーの配列に至るまで高度に制御されている。そして、構造が高度に制御されることによって特定の高次構造をとり高い機能性を発現している。このように構造が精密に制御された高分子を合成することができれば、いままでにない高い機能を持った高分子材料が開発できると考えられ、様々な取り組みが盛んに行われている。特に付加重合においては、分子量や分子量分布などの高分子中のモノマーユニットの配列に関する一次構造を制御する技術として、リビング重合の開発が精力的に進められている [4]。最初に実現されたリビングアニオン重合に加えて最近ではカチオン重合やラジカル重合など種々の重合機構においてもリビング重合が可能となり、様々な高分子の分子量や分子量分布の制御が達成されてきている。今後はより複雑な構造を制御することが期待され、高分子が架橋した三次元網目のゲルもそのひとつである。

　ゲル合成にリビング重合を用いることも行われ始めており、今後のゲル研究における新しいトレンドになると思われる。本項ではリビング重合の特徴を解説した後、ゲル合成におけるリビング重合の有用性について述べる。

　リビング重合は 1950 年代、スチレンのアニオン重合において Szwarc によって発見されたのが最初である [5,6]。その後、1980 年代にカチオン重合、90 年代にラジカル重合におけるリビング重合が発見された。リビング重合は、図 5-5 に示した四つの素反応のうち開始反応と生長反応のみからなり、停止反応や連鎖移動反応といった生長末端の活性種を失活させる反応が起きない重合系のことを指す。停止反応や連鎖移動反応が存在しないため、生長末端は重合中、常に活性、すなわち「生きている（living）」ことからリビング重合と呼ばれる。この定義どおりの重合が進行し、開始反応が生長反応よりも十分に速いとすると、リビング重合には次のような特徴が見られる。

① 開始剤 1 分子から高分子 1 分子が生成し、生長末端の濃度は仕込んだ開始剤濃度のまま重合中一定で変化しない。

② すべての高分子の末端に、開始剤由来の末端基が導入される。
③ 高分子の分子量はモノマーの反応率に比例し、重合の進行とともに増加する。
④ 生成高分子の分子量は仕込みのモノマー濃度と開始剤濃度の比に比例する。
⑤ いったんすべてのモノマーが消費された後に新たにモノマーを添加すると、重合が再び進行し、添加モノマーの反応率に比例して分子量が増大する。
⑥ 生成高分子の分子量分布は非常に狭くなり、理想的にはポアソン分布となる。すなわち、重量平均分子量と数平均分子量の比（M_w/M_n）が 1 に近くなる。

リビング重合と通常の付加重合とを比較して示したのが図 5-17 である。通常の付加重合では、重合中に停止反応や連鎖移動反応が起きるため、開始剤から生成した生長末端はある時間モノマーと反応して生長した後に失活して

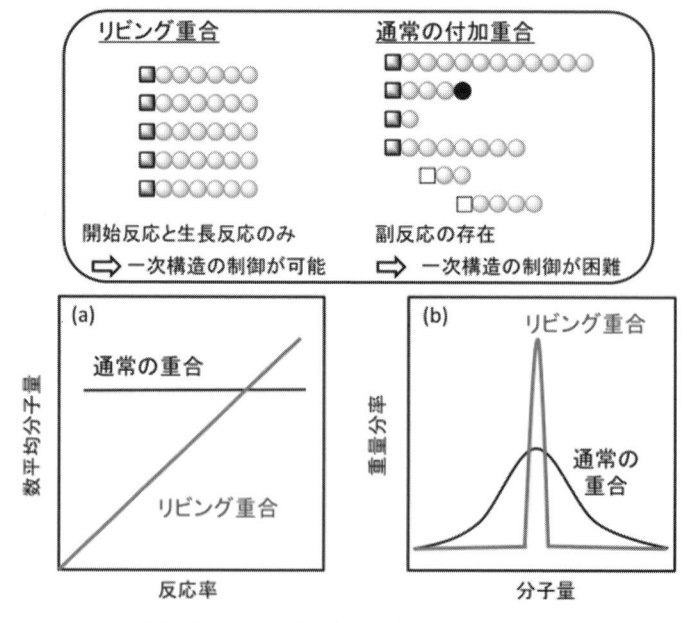

図 5-17 リビング重合と通常の付加重合との比較

しまい、反応したモノマー数からできた高分子が生成する。また、多くの場合、開始反応に比べて生長反応が非常に速いため、生成する高分子の平均分子量は図 5-17（a）に示すようにモノマーの反応率に関わらず重合初期から高いものとなる。開始反応の遅さは、重合反応が起こるとともに、常に開始剤から新しい生長活性種が生み出されることを意味している。さらに連鎖移動反応によっても新しい生長末端が発生してくることから、反応率に関わらず生成高分子の平均分子量はほぼ一定となる。異なる開始種から生長末端が生み出されているということは、生成高分子の末端構造においても異なることとなる。このように様々な反応が同時に起こるため、ポリマーの構造は不揃いとなり、図 5-17（b）に示すように分子量分布も広いものとなってしまう。

　ラジカル重合における副反応は、活性種である生長ラジカルの高い反応性によって引き起こされているものと考えられる。この予想をもとに、リビングラジカル重合を実現するためには、生長ラジカルをいかに安定化するかが重要であると考えられた。

　この考えと数々の実験結果をもとに、リビングラジカル重合は図 5-18 に示すように、休止種と活性種の平衡反応により達成されるという基本概念が構築された。休止種は、共有結合による末端基（−C−X）であり安定で反応性はなく、そのままの状態ではモノマーと反応することはない。しかし、熱や光などのエネルギーが与えられたり、あるいは触媒が作用したりすることによって休止種である共有結合の末端基（−C−X）は、ホモリティックに切断され活性種（ラジカル）を生成し、休止種と可逆的に平衡状態となる。この可逆的な平衡状態において末端が活性種（ラジカル）となったときにモノマ

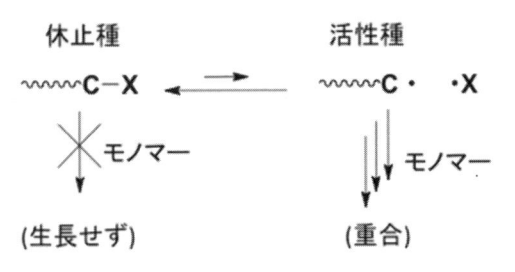

図 5-18　休止種と活性種の平衡反応

ーを攻撃することにより重合を進行させる。このとき、重要なのは高分子の末端が休止種と活性種の間で可逆的な平衡反応が成り立っていることである。

活性種の濃度が高くなると活性種であるラジカル同士による再結合反応や不均化反応などの副反応が起こってしまう可能性が高くなることから、活性種の濃度を低く抑えるために休止種と活性種の間の平衡反応は休止種側に偏っていることが必要である。また、この休止種と活性種の間の平衡反応は、高分子が生成する生長反応よりも十分に高速であることが求められる。なぜなら、平衡反応が生長反応よりも高速で起こることによって、生長反応が進行している期間にすべての高分子末端が均等に休止種から活性種に変換される機会を有し、すべての高分子が一様に生長して同じ分子量となることが期待されるからである。高分子の末端が移動反応などの副反応を起こさず、生長反応を起こす機会が均等であれば、その結果として開始剤1分子から生長した高分子鎖が均等に生長することになり、得られる高分子の分子量は均一となり、また分子量分布も狭いものとなる。

これまでに休止種-活性種間の平衡反応の考え方に基づいて、様々なリビン

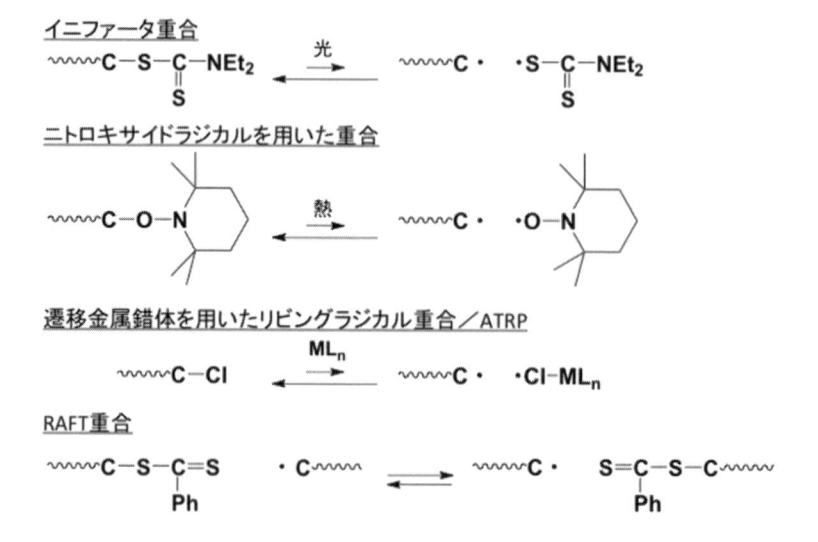

図 5-19 リビングラジカル重合の例

グラジカル重合が達成されている[7]。その代表例を図 5-19 に示した。リビングラジカル重合の先駆けは大津らによって報告された、ジチオカルバメートの光による解離を用いたイニファータ重合である。その後、安定なニトロキサイドラジカルをフリーラジカル重合系に添加することによって生長ラジカルを休止種に変換し、熱による解離によって休止種-活性種の平衡反応を制御する例が報告された。また、触媒を用いたものとしては、ルテニウムや銅などの遷移金属錯体触媒を用いた多くの例が報告されている。この遷移金属錯体によるリビングラジカル重合は、原子移動ラジカル重合法（Atom Transfer Radical Polymerization：ATRP）とも呼ばれ、高分子末端のハロゲンを触媒が引き抜くことによってラジカルが発生し、休止種と可逆的に平衡を保つことによってリビング性を制御している。

また、近年では、チオカルボニルチオ化合物を連鎖移動剤として用いると、生長種間の高速な交換連鎖移動反応によって重合の制御が可能になることが明らかとなってきた。その例として、可逆的付加-開裂連鎖移動（Reversible Addition-Fragmentation chain Transfer：RAFT）重合が知られている。この他、ヨウ素移動重合や有機テルル化合物を用いた重合など、様々なリビングラジカル重合系が報告されている。

このようなリビングラジカル重合の進歩により、様々なビニルモノマーを精密重合することが可能となり、図 5-20 に示すような末端に官能基を有する末端機能性高分子やブロック共重合体、くし型高分子や星型高分子といったこれまでには得ることができなかった構造を有する高分子の精密合成も可能となってきた。このようなリビングラジカル重合系の実現により、さらに、ゲルの三次元網目を精密合成する研究も精力的に進められるようになってき

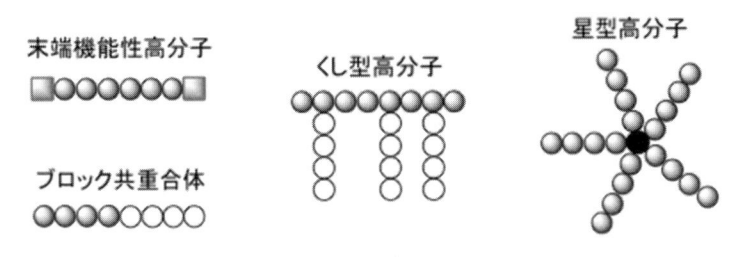

図 5-20　リビングラジカル重合によって合成される高分子構造の多様性

た。

　それでは、ゲルの三次元網目を合成するのにリビングラジカル重合を用いると、フリーラジカル重合と比べてどのような違いが生じると考えられるのであろうか。その違いを模式図的に図 5-21 に示した。フリーラジカル重合では開始反応に比べ、生長反応が非常に速い。また、モノマーはひとつのビニル基を持つのに対して架橋剤は二つ以上のビニル基を持つため、分子ひとつが持つ反応点の数から予想される頻度因子のみの観点から考えても、モノマーよりも架橋剤のほうが消費される速度が速いと考えられる。そのため重合の初期段階で生成する高分子鎖に架橋剤が多く取り込まれることとなる。さらに、重合初期段階では生成する高分子の濃度が薄いことや生長反応と並行して移動反応や停止反応が進行することから、系全体に広がるような高分子鎖間の架橋反応は進行しにくいと考えられる。そのため、重合の初期には網目鎖に架橋剤が多く取り込まれた濃度の高い部分で架橋反応が進行し、ミク

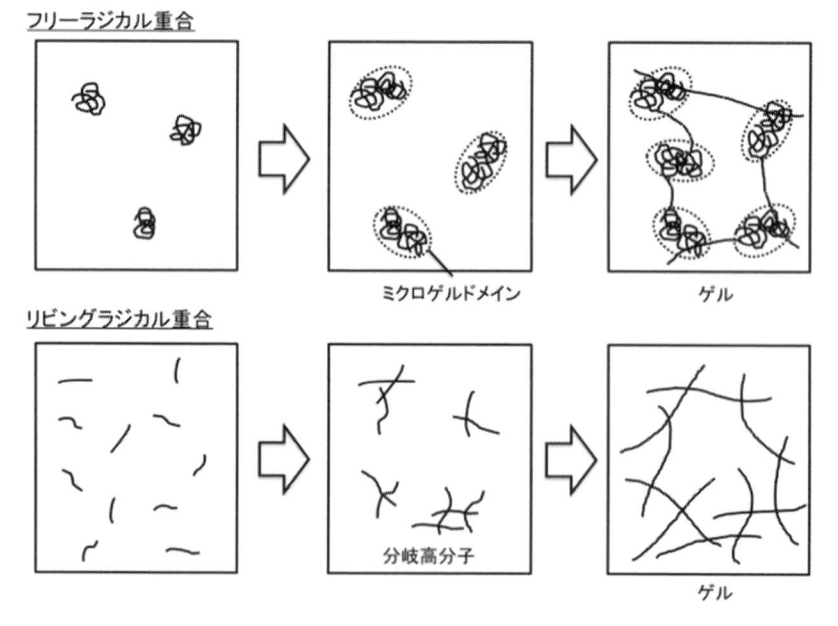

図 5-21　フリーラジカル重合とリビングラジカル重合から得られる三次元網目の予想される構造的な違い

第5章 架橋点

ロゲルのような架橋密度の高いドメインが優先的に形成されることとなる。

その後、図5-21の上図の右に示すように、生長ラジカルがミクロゲル中に残っている架橋剤由来のビニル基と系中に残っている未反応のモノマーや架橋剤と反応しながら、ミクロゲルドメインを繋ぎ合わせることによって階層的な網目構造を形作っていくと考えられる。

そこで、モノマー濃度および架橋剤濃度の同じ条件で、リビングラジカル重合とフリーラジカル重合とによりゲルを合成する場合を比較すると、ゲルの形成過程が異なることが予想される[8]。リビングラジカル重合では開始反応が非常に速いため、生成する高分子鎖の濃度は開始剤の濃度によって決まり、重合中休止種と活性種の濃度の和は常に一定である。ラジカルを末端に持つ高分子鎖は重合の進行とともに徐々に生長し、モノマーおよび架橋剤を高分子鎖中に取り込んでいく。また、リビングラジカル重合では活性種と休止種との間の平衡反応が有効に働くことにより停止反応が抑制されていることから、多くの高分子鎖が休止種として系中を拡散することができると考えられる。この高分子鎖の拡散によって、重合の進行とともに高分子鎖間の架橋反応がゆっくりと系全体で進行していくこととなり、図5-21の下図に示すように、分岐高分子の生成を経て、系全体のマクロゲル化へ至ると考えられる。

このように、リビングラジカル重合では生長反応が高分子鎖の拡散に比べて遅いため、生長ラジカルの近傍にある高分子鎖との反応や分子内反応が進行しやすいためにミクロゲルドメインを形成しやすいフリーラジカル重合系とは対照的である。リビングラジカル重合では高分子鎖の生長が遅く、時間の経過とともに分子量が増大するため、重合初期から高分子量のポリマーが生成するフリーラジカル重合に比べてゲル化するときのモノマーの反応率が高くなると予想される。また、網目形成過程の違いから、フリーラジカル重合で得られる網目に比べて均質性の高い網目になっていると考えられる。リビングラジカル重合は後に示す"後架橋法"でも有用な手法と考えられ、高分子ゲル合成における新たなツールとして期待される。

ゲルは三次元網目であるために、構造と一口にいってもその捉え方や記述の仕方が非常に複雑であり、さらに構造の制御となると粘り強い努力が必要

と考えられる。しかしながら、私たちの生活にも役立っているゲルが示す多様な機能は高分子の三次元網目が形成する構造と密接に関連している。ゲルの三次元網目の構造制御が可能となれば、いったいどれほどの性能・機能を有する材料が実現できるのであろうか。ゲルの構造を制御するにはまだまだ道程は長いかも知れないが、徐々にその道筋が明らかとなってきており、今後の展開が大いに楽しみである。

5.7 後架橋法によるゲルの合成

　ビニル系ゲルを得るための有力なもうひとつの手法として、後（あと）架橋法が挙げられる。この手法では、図5-3に示したように、重合によってあらかじめ反応性部位を側鎖に持つ高分子を合成し、次に得られた高分子同士を架橋させることによってゲルが得られる[9]。図5-22には、ジアルデヒド化合物によるポリビニルアルコールの後架橋を例として示した。あらかじめ調製された高分子であるポリビニルアルコールの側鎖にある水酸基と、1分子内に二つのアルデヒド基を有するジアルデヒド化合物を反応させアセタール結合を形成させることによって、ポリビニルアルコールの分子間に架橋点が形成される。

　このように架橋反応とは、架橋剤として1分子中に複数の反応性部位を持つ多官能化合物を用いて架橋を行うものであり、この水酸基とアルデヒド基によるアセタール結合の形成以外に、カルボキシル基と水酸基によるエステル結合の形成、カルボキシル基とアミノ基によるアミド結合の形成、水酸基

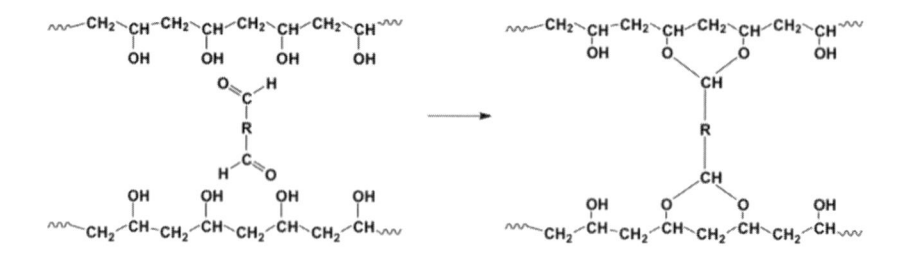

図5-22　ポリビニルアルコールのアセタール化による後架橋

やアミノ基によるエポキシの開環反応などが用いられる。また、放射線照射などによってポリマーにラジカルを発生させ、ラジカル同士をカップリング反応させることによって架橋する方法も後架橋法のひとつと位置づけられる。

　後架橋法では最初に合成した高分子（前駆体高分子）が持つ反応性部位が反応することにより、架橋点となりゲル化する。そのため図 5-23 に示すように、前駆体高分子中の反応性部位の位置を適切に配置することにより、ジビニル化合物を用いたフリーラジカル重合に比べて架橋点の位置が制御された網目を有するゲルを得ることができるものと期待される。その一方で、立体的に嵩高い高分子同士の反応によって架橋を行うため、架橋反応時に高分子鎖同士の立体障害の影響を受けて反応するべき官能基の接近が妨げられ、架橋反応が阻害されてしまうことも考えられる。

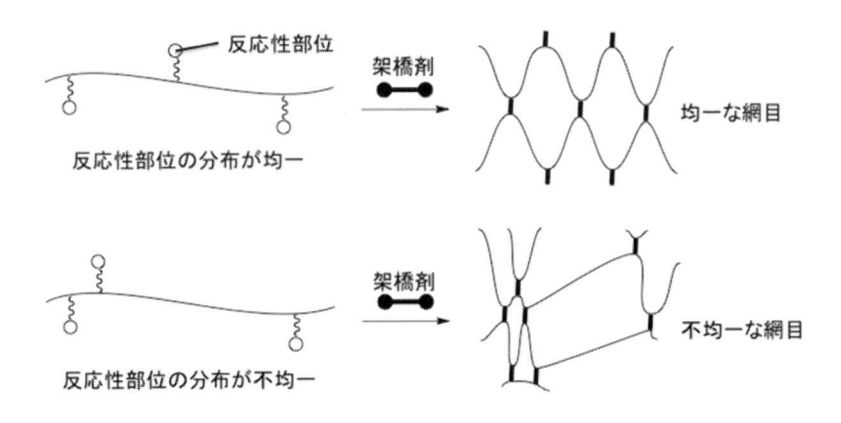

図 5-23　前駆体高分子中の反応性部位の位置が得られるゲル構造に与える影響

　後架橋法によってゲルの網目構造を制御するためには、前駆体高分子鎖中に導入される反応性基は前駆体高分子の調製時には反応せず、しかも前駆体高分子鎖の所定の部位に導入することができ、架橋反応においては狙いどおりにすべての反応性基が反応することが理想的と考えられる。この観点から注目を集めているのが、Sharpless らによって提唱された「クリックケミストリー」の概念とそれに基づく一連の反応である[10]。クリックケミストリーと

は、
① 目的とする生成物を高い収率で得ることができ、
② 水の中を含む様々な条件下で行うことができ、
③ 種々の官能基を有する化合物を用いて副反応を起こすことなく進行する、

といった特徴を持つ反応のことを指すと定義されている。クリックケミストリーのこのような特徴は、高分子同士の反応において不可欠の因子であり、非常に有用であると考えられ、クリックケミストリーは高分子関連の反応としてよく用いられている。クリックケミストリーの具体例としては、図 5-24 に示す銅触媒を用いたアジド–アルキン環化反応が最も有名であるが、これ以外に、フラン化合物とマレイミド化合物の Diels-Alder 環化反応や、チオール化合物（−SH）の炭素–炭素二重結合への付加反応（チオール–エン反応）も例としてよく挙げられる。また、水中での反応に制限があるため厳密にはクリックケミストリーとはいえないものの、活性エステルを用いたアミド化反応もよく用いられる反応のひとつである。活性エステルとは、アミノ基に対して高い反応活性を有するエステル結合のことを指し、図 5-24 の 3) に示

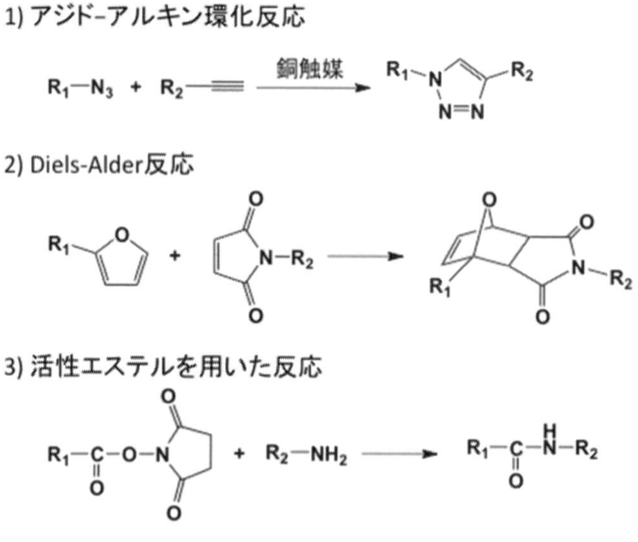

1) アジド–アルキン環化反応

R_1-N_3 + $R_2-≡$ →(銅触媒) triazole生成物

2) Diels-Alder反応

3) 活性エステルを用いた反応

図 5-24　クリックケミストリーの反応例

したコハク酸エステルがその代表例である[11]。

　これらの高い反応性と反応効率とを併せ持つ有機化学反応を後架橋に適用することにより、高分子鎖同士の立体障害の影響を受けたとしても高い架橋反応率を実現することが期待される。そのため、高分子前駆体の構造を制御することができればゲルの三次元網目構造の制御に繋がるものと考えられ、リビングラジカル重合と組み合わせたゲルの研究が進められている。

　次に後架橋法に注目した機能性ゲルの研究例を見てみよう。いま、2 種類のモノマーから構成される網目鎖を持つゲルについて考えてみる。ジビニル化合物を用いたフリーラジカル共重合によって合成されるゲルは、図 5-25(a) に示すように、三次元網目に 2 種類のモノマーユニットがランダムに分布したものしか合成することができない。一方、後架橋法を用いて性質の異なる 2 種類の高分子鎖を架橋させた場合には、図 5-25 (b) に示すように、架橋点間の網目鎖のそれぞれが 2 種類のモノマーユニットのどちらか一方のモノマーユニットのみからなる三次元網目を持つゲルが調製できる。このように性質の異なる高分子を後架橋法によってゲル化させる方法を、筆者らは種類の異なるモノマーを重合する「共重合」に対応させて、「共架橋」と呼んでいる。

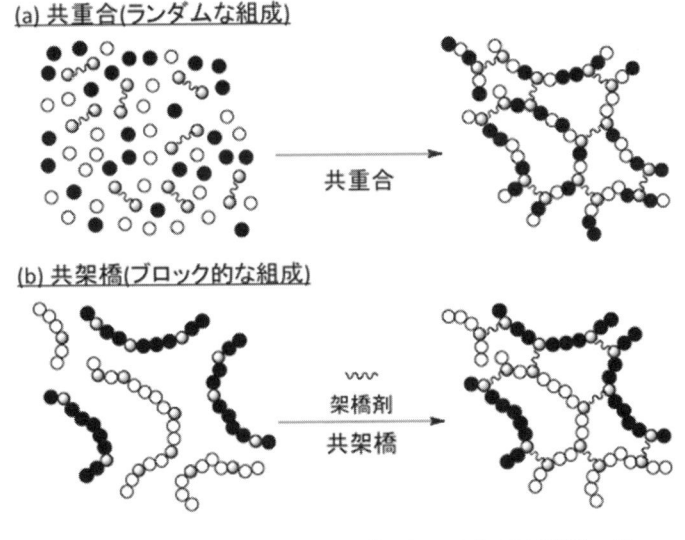

図 5-25　共重合と共架橋によって得られる三次元網目構造の違い

共重合ゲルと共架橋ゲルでは、網目鎖全体の平均の化学組成が同じであっても、モノマーユニットの並び方の分布（配列分布）が異なるために、それぞれのゲルは違った性質を発現すると予想される。事実、親水性のアクリルアミド誘導体モノマーと疎水性のアクリルアミド誘導体モノマーの2種類のモノマーを用いて同じ組成の共重合ゲルと共架橋ゲルをそれぞれ調製したところ、図 5-26 に示したように水中での振る舞いが大きく異なることが明らかとなった。図 5-25（a）に示すように、ゲル網目鎖中の 2 種のモノマーの配列分布がランダムとなっている共重合ゲルでは、図 5-26 に示すように、温度変化に対して急激な膨潤度変化を示した。一方、図 5-25（b）に示すように、架橋点間の網目鎖が 2 種類のモノマーユニットのどちらか一方のみのモノマーユニットからできている共架橋ゲルでは、温度が変化しても膨潤度は全く変化しないことがわかった[12]。感温性ゲルを与えるモノマーである NIPAAm などを組み合わせて共重合ゲルと共架橋ゲルを調製したところ、網目鎖の連鎖分布の影響を強く受けて温度応答の性質が極端に変化することも明らかになっており、三次元網目の連鎖分布もゲルの性質を考える上で極めて重要であることが明らかとなり、今後の展開が楽しみである。

　後架橋法の大きな展開のひとつとして、線状の高分子末端のみを架橋させる手法が考えられる。このためには、高分子の両末端に反応性基を導入する

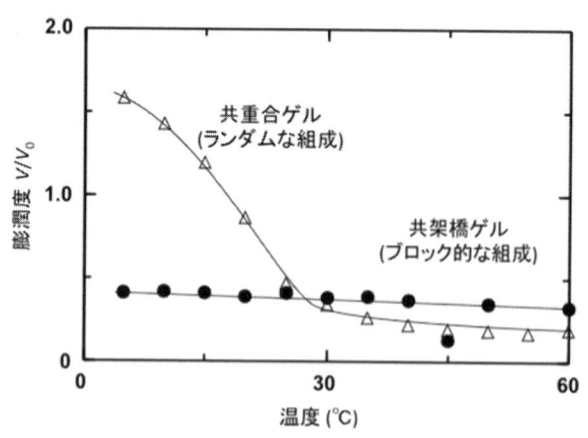

図 5-26　親水性アクリルアミド（DMAAm）と疎水性アクリルアミド（NBAAm）から調製した共重合ゲルと共架橋ゲルの温度変化に対する膨潤挙動

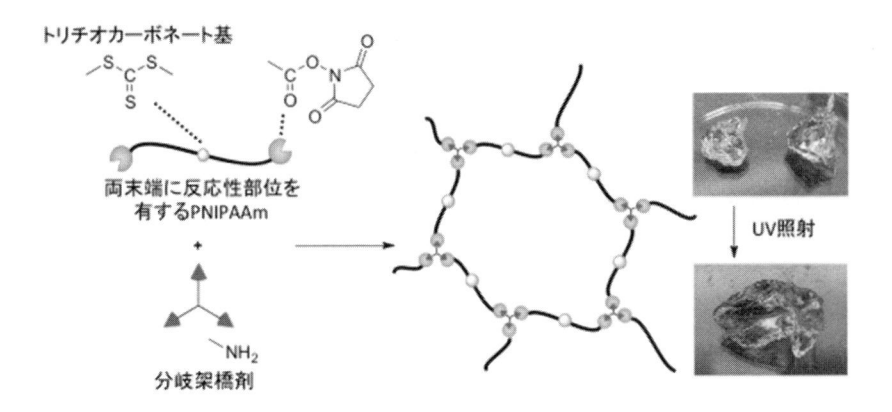

図 5-27　末端架橋によるゲルの合成

ことが必要である。両末端に反応性部位を導入した高分子を合成するには第 5.6 節で紹介したリビングラジカル重合を利用することができる。

このような例のひとつとして、リビングラジカル重合のひとつである RAFT 重合を用いた研究が進められている。それは、図 5-27 に示すような両末端に活性エステル基を導入した PNIPAAm を精密合成し、その末端を多官能アミン化合物と反応させ架橋点を導入することによるゲルの合成である[13]。高分子の末端を架橋反応によって繋げていくため、架橋点間網目鎖の分子量は架橋反応に用いた前駆体高分子の分子量によって決まる。前駆体高分子の合成に RAFT 重合を用いると、分子量や分子量分布を制御することができるため、架橋反応を理想的に進めることができれば、最終的に得られるゲルの三次元網目の構造は非常に均一なものになると期待される。

また、図 5-27 に示すように、前駆体高分子を合成するときにトリチオカーボネート型の RAFT 剤を用いることにより、ゲルの三次元網目中にトリチオカーボネート基を導入することができれば、ゲルが破断してもその破断面を密着させて、紫外線を照射することによりゲルが自己修復性を発現することが期待される。トリチオカーボネート基は光を照射すると重合を開始する機能を持っていることが知られている。その機構は紫外線の照射によって C−S 結合が開裂して高分子ラジカルを生成するためである。いま、このゲルの断片を二つ用意し、密着させた状態で紫外線を照射すると、密着面近くで生成

した高分子ラジカルが、別の断片に存在するトリチオカーボネート基を介して鎖の交換反応が起こる。この交換反応によって二つの断片の間に共有結合が形成され、ゲルは完全に接着、すなわち、本来の共有結合による三次元網目を回復することとなる。

後架橋法とリビングラジカル重合を組み合わせることにより、架橋点の位置や網目鎖の架橋点間分子量などを制御することが可能になれば、三次元網目の構造が制御されたゲルの合成や、機能発現部位の導入によるゲルの高機能化が可能になると期待される。

5.8 物理ゲル

共有結合によって架橋された「化学ゲル」に対し、図 5-28 に示したようにイオン結合や水素結合などの分子や原子間の相互作用（非共有結合）によって架橋されたゲルを「物理ゲル」という。これら 2 種類のゲルには、架橋構造の違いによる大きな性質の違いがある。化学ゲルでは架橋点が共有結合であるためいったん結合が切れると修復することができず、ゲルの網目鎖はもとの網目構造に戻ることができない。一方、物理ゲルでは、架橋点はイオン結合や水素結合などの可逆的な結合でできているため、いったん結合が切れても容易に結合が修復されるため、ゲルからゾル、または、ゾルからゲルへの可逆的な変化（ゾル・ゲル転移）が可能となる。

このようなゲルの例として、ポリアクリル酸のようにカルボキシル基を有

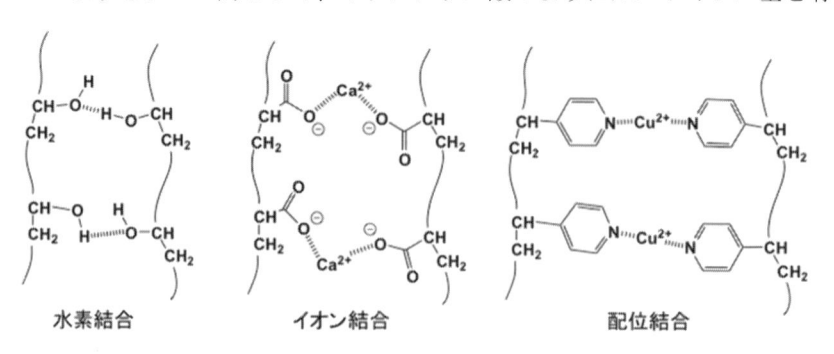

図 5-28 物理ゲルの架橋様式

する高分子のゲル化系がある。この系では、2価のカルシウムイオンなどの多価金属カチオンが存在すると、ポリアクリル酸の複数のカルボキシル基が1個の多価金属カチオンとイオン結合を形成することによって架橋点が形成されゲル化する。イオン結合を用いた例としては金属カチオンのような低分子イオンを用いる方法以外にもある。例えば、アニオン性部位を有する高分子とカチオン性部位を有する高分子との間でのイオン相互作用を用いた架橋によるゲル化である。また、金属との配位結合を利用したものも多く、配位子として働くピリジル基などを高分子鎖に導入することにより、二つのピリジル基が銅イオンへ配位することを利用して架橋させることも可能である。また、ポリビニルアルコールは凍結と解凍を繰り返すことによってゲル化する。このゲル化は、凍結により複数本のポリビニルアルコールの鎖が微結晶を形成し、これが架橋点となりゲル化すると考えられている。

　物理ゲルの例は、合成ゲルよりも天然ゲルに多く見られる。それらの例を図5-29に示した。多糖のアルギン酸は分子内にカルボキシル基を持っているため、2価のカチオンであるカルシウムイオンなどが存在すると、イオン結合によってエッグボックスジャンクションと呼ばれる架橋点を形成する。高分子の立体的な絡み合いによって架橋点を形成している例としては、複数の分子がらせん構造を形成したものがある。例えば、スルホン酸基を有するカ

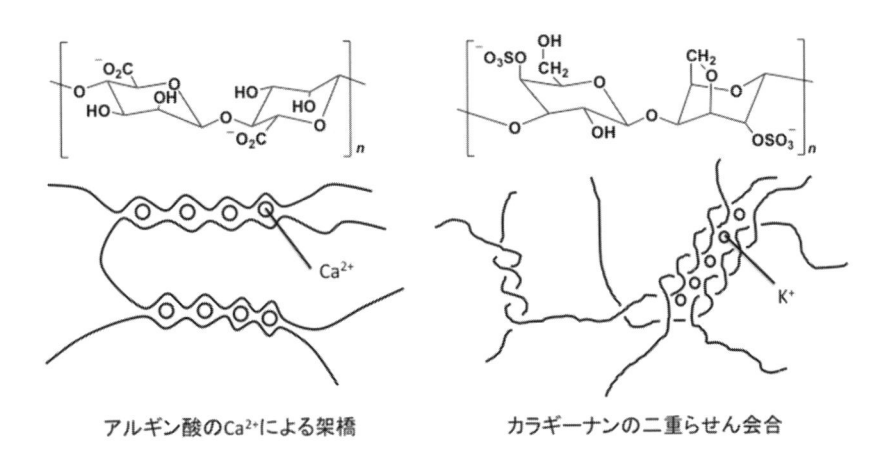

図5-29　天然ゲルに見られる物理ゲル

ラギーナンでは、高分子鎖が集まって二重らせん構造を形成し、それらがカリウムイオンのようなカチオンを介して凝集することによって架橋点が形成されて、ゲル化していると考えられている。

この他、キサンタンのらせん部位にガラクトマンナンが吸着することによって架橋点が形成（吸着架橋）されてゲル化する場合や、卵白アルブミンなどのように疎水性相互作用を介して架橋点が形成されてゲル化する場合など天然ゲルには種々の架橋構造を持った物理ゲルが多く存在する。

物理ゲルは非共有結合（分子間の相互作用）によって架橋されているため、表 5-1 に示すように、共有結合によって架橋されている化学ゲルに比べて結合のエネルギーは小さい。そのため、熱を加えて温度が上がることによって架橋点が切れゲル状態から高分子溶液（ゾル状態）に変化してしまうことがある。また、pH が変化したり、水素結合やイオン結合を阻害するような分子が加えられることによって高分子同士の相互作用が働かなくなったりするとゲル状態からゾル状態へ変化する。このように物理ゲルは、ゲルの外的な条件を変化させることによって、ゲル状態とゾル状態の間を可逆的に変化させることができる。

表 5-1　ゲルの様々な架橋点とその結合エネルギー

ゲルの種類	架橋点の結合	結合エネルギー
物理ゲル	イオン相互作用	10～30 kJ/mol
	水素結合	10～30 kJ/mol
	van der Waals力 (分散力の場合)	1 kJ/mol 以下
化学ゲル	C-C共有結合	368 kJ/mol

物理ゲルの特徴である架橋点の結合と解離の可逆性を積極的に化学ゲルに取り入れて、ゲルの強度向上を目指したり、ゲルに自己修復の機能を付与したりするなどゲル研究において架橋点に着目した新たな展開が始まっている。それらの主要なものについては、新規な機能性架橋構造を持つゲルとして、第 5.10 節で紹介する。

5.9 トポロジカルゲル

　化学ゲルが持つ共有結合や物理ゲルが持つ非共有結合とは異なる架橋構造を持つゲルとして、トポロジカルゲルがある。トポロジカルゲルとして代表的な、ポリロタキサンを応用したゲルは最近注目を集めている。ポリロタキサンとは、図 5-30 に示すように、ポリエチレングリコール（PEG）などの線状高分子（軸成分）が、複数のシクロデキストリンやクラウンエーテルなどの環状化合物（輪成分）の中を貫通した構造をとるビーズ状の化合物である。いま、軸成分の両末端に嵩高い置換基（ストッパー基）を導入すると、輪成分は軸成分から抜けなくなるため、環状化合物は線状高分子によって空間的に束縛されることとなる。

　トポロジカルゲルとして最初に報告されたものとして、伊藤らによって合成された環動ゲルと呼ばれるゲルがある。このゲルを合成するために、軸成分として PEG と、輪成分として 6 個のグルコースが環状に結合した α-シクロデキストリン（α-CD）とから構成されるポリロタキサンの両末端を嵩高い置換基である 2,4-ジニトロフェニル基を用いてブロックしたビーズ状の化合物が用いられた[14]。この化合物の輪成分（α-CD）同士を塩化シアヌルなどを用

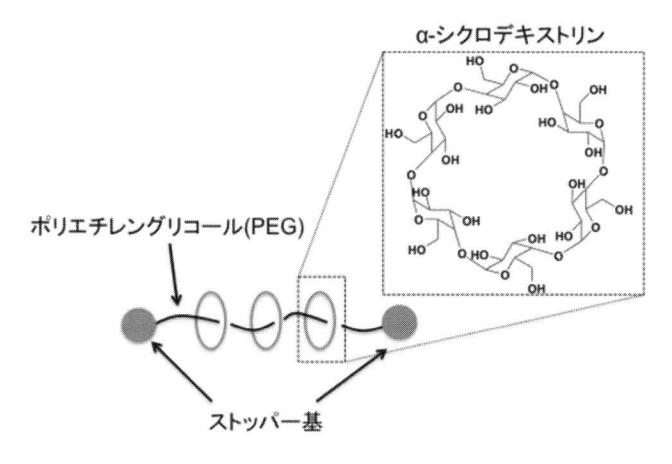

図 5-30　ポリロタキサンの構造

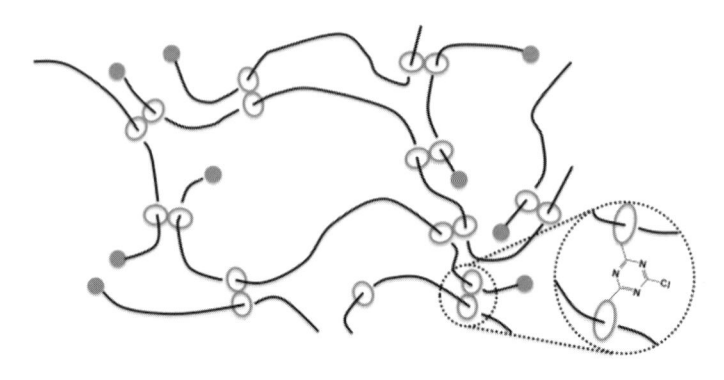

図 5-31　環動ゲル

いて反応させることにより PEG の三次元網目を得ることができる。この三次元網目の架橋点は、図 5-31 に示すように、2 個の α-CD（輪成分）が結合して 8 の字状の二つの穴を持ち、その二つの穴の中を線状高分子である PEG が貫通した構造をとっている。したがって、8 の字状の二つの穴を持つ架橋点は滑車のように PEG 上を滑るように自由に動くことができ、ジビニル化合物による共有結合でできた自由に動くことができない架橋点を持つゲルとは全く異なった性質が期待できる。

また、高田らは図 5-32 に示すように、ロタキサン構造を持つ架橋剤を用いてビニル系ゲルの合成を行い、ビニル系ゲルへ可動架橋点の導入を試みている。このロタキサン構造を持つ架橋剤は、環状化合物が複数個結合した分子

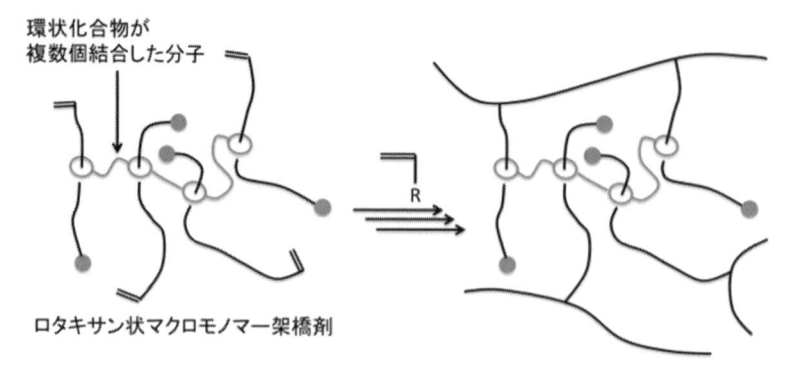

図 5-32　ロタキサン架橋剤を用いたゲルの合成

第 5 章　架 橋 点　　　　　　　　　　　　　　*87*

に軸成分高分子を貫通させ、軸成分高分子の一方の末端に嵩高いストッパー基、もう一方の末端にビニル基を導入したロタキサン構造を有するマクロモノマー架橋剤である。この架橋剤を用いる興味深い点のひとつは、複数個のビニル基を持つロタキサン状マクロモノマー架橋剤をビニルモノマーのラジカル重合に用いることによって、ビニル系の様々なモノマーからトポロジカルゲルを得ることができることである[15]。

　トポロジカルゲルでは、共有結合でできた架橋点のように網目鎖の特定の位置に架橋点が固定されているのではない。すなわち、8 の字状の二つの穴の中を 2 本の網目鎖がそれぞれ通り、空間的に束縛を受けているだけであるため、架橋点が自由に動くことができる。この架橋点の移動の自由さによって、架橋点が共有結合でできた化学ゲルとは全く異なる特徴的な性質を表すことになる。

　その代表的な性質のひとつが優れた力学特性である。図 5-33 には、化学ゲ

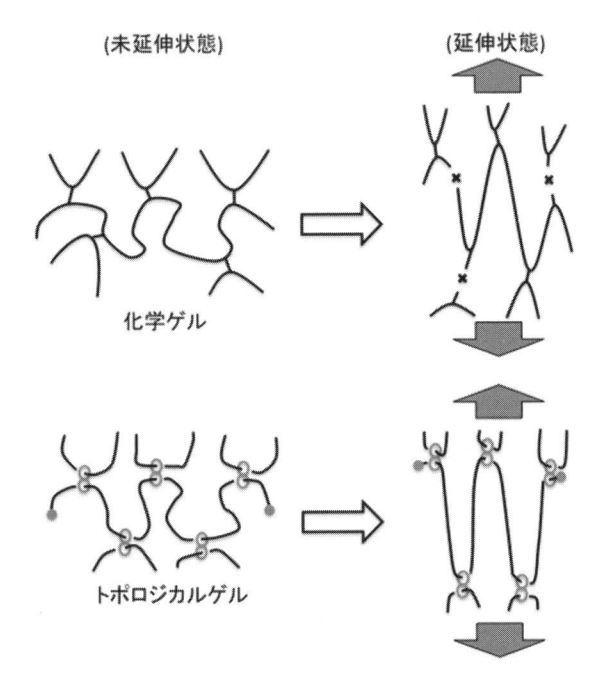

図 5-33　トポロジカルゲルにおける滑車効果による高強度・高延伸

ルとトポロジカルゲルの未延伸の状態と、特定の方向に引っ張り延伸させた状態を模式図的に示した。ジビニル化合物を架橋剤として用いて得られる化学ゲルは一般的に架橋点間の分子量は一様ではなく分布があり、したがって、架橋点の濃度は空間的な位置によって異なることとなる。いま、このような化学ゲルに外部から張力が加わると、架橋点間分子量の小さい、すなわち、架橋点間の短い網目鎖に応力が集中することとなり、架橋点間の短い網目鎖から順番に切断されていくことになる。そのため、網目鎖が本来持つ強度を十分に活かすことなくゲルは破断してしまうと考えられる。

これに対してトポロジカルゲルでは、張力が加わったときに輪成分の中を軸成分である網目鎖が滑り（「滑車効果」）、すべての網目鎖が張力を担うように輪成分の架橋点が移動することとなる。すなわち、すべての架橋点の位置が網目構造を均一化するように再配置することとなる。この「滑車効果」によって網目鎖が有する強度を最大限に活かすことができ、従来の化学ゲルに比べて非常に高強度で、また、よく伸びるゲルとなる。さらに、トポロジカルゲルは優れた力学特性に限らず、膨潤・収縮挙動においても大きな違いが見られる。トポロジカルゲルの特徴である架橋点が自由に動くことにより、ゲルの網目鎖の広がりを最大限に活かすことが可能となり、トポロジカルゲルは良溶媒中で大きく膨潤することとなる。

これら以外にも、トポロジカルゲルの軸成分として刺激応答性の網目鎖を用いると、架橋点が束縛されていないために網目鎖がその形態（コンフォメーション）を素早く変化させることができるため、ゲルの高速な体積変化が可能となるという例も報告されている。

5.10 機能性架橋構造を有するゲル

これまでに見てきた化学ゲル、物理ゲル、トポロジカルゲルの例でわかるように、架橋構造の違いはゲルが示す挙動や性質と大いに関係している。ここでは、架橋構造を巧みに設計した機能性架橋構造をゲルに導入することによって、ゲルの高機能化を行っている例について紹介する。

5.10.1 ナノコンポジットゲル（NC ゲル）

化学ゲルは一般的に、ジビニル化合物などの有機化合物を架橋剤として用いることによって合成される。有機架橋剤を用いた場合、第 5.9 節で説明したように得られるゲルは架橋点間の分子量に分布があるために力学的に弱く脆いものとなってしまう。また、ゲルを調製するときの温度や濃度や溶媒などの条件の違いによって架橋構造の不均一性が大きく変わってしまう。さらに、共有結合によって架橋点が形成されているために網目鎖上の架橋点の位置が固定されるため網目鎖の運動が束縛され、刺激応答によるゲルの体積変化にも制限が生じてしまう。

原口らはナノコンポジットゲル（NC ゲル）と呼ばれる、架橋剤として無機化合物である層状の粘土鉱物（クレイ）を用いることにより、有機／無機ハイブリッドネットワークを持つ新規なゲルを作製した。このゲルは、機能的な架橋構造を有するため、上記の化学ゲルにおける架橋点の問題を改善している[16]。NC ゲルは、粘土鉱物であるヘクトライトを層状に剥離したナノクレイの存在下、水中で NIPAAm などのビニルモノマーのラジカル重合を行

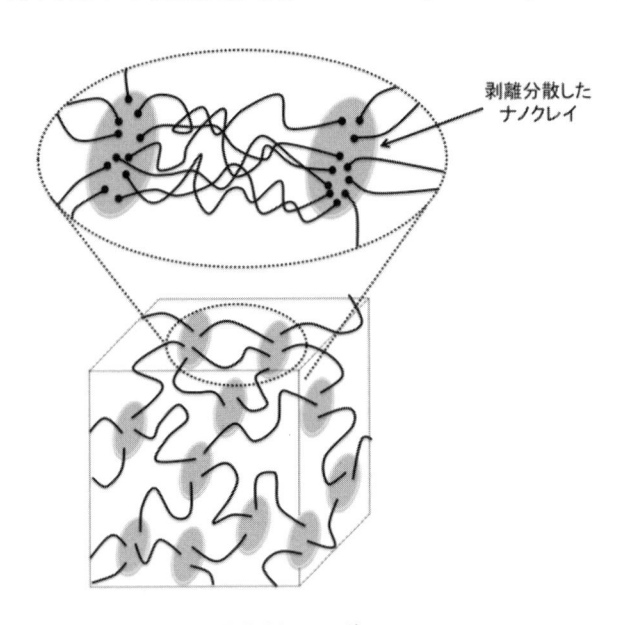

図 5-34 NC ゲル

うことによって合成される。得られた NC ゲル中では、図 5-34 に示すように剥離されたナノクレイが均一に分散し、PNIPAAm 鎖と水素結合を主体とした非共有結合によって結合し、ナノクレイを架橋点とする PNIPAAm 網目鎖からなるゲルが得られる。このようにして得られる NC ゲルは、架橋点であるナノサイズのクレイが均一に分散しているために透明性が高く、高延伸・高強度といった優れた力学特性を示すこととなる。

この優れた力学特性は、図 5-35 に示したように網目鎖とクレイが「分子エクスパンダー」として働くためと説明されている。クレイ同士を長い網目鎖が効果的に連結しているため、延伸時に網目鎖が有効に伸びる。また、応力の集中をクレイが保持するため高強度を実現していると考えられている。

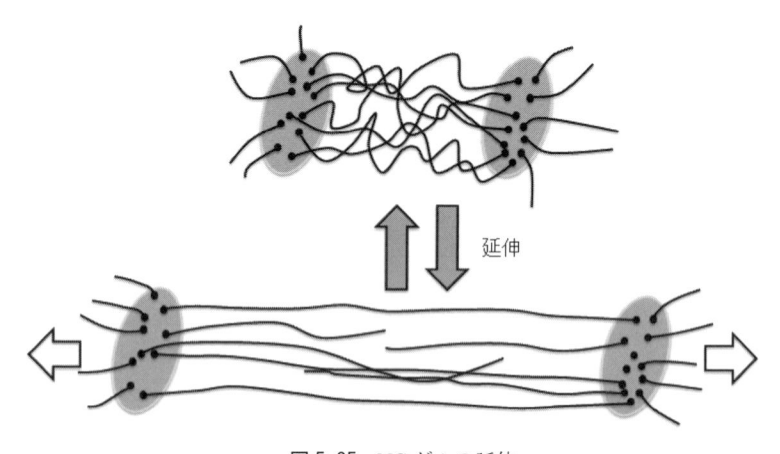

図 5-35　NC ゲルの延伸

5.10.2　アクアマテリアル

相田らは、NC ゲルと同様に、無機化合物であるナノクレイを架橋剤に用いた機能性架橋点を導入することによりアクアマテリアルと呼ばれる高機能化ゲルを合成した[17]。アクアマテリアルでは、図 5-36 に示す構造が階層的に多数枝分かれした樹状高分子（デンドリマー）が重要な構成要素となる。このデンドリマーは、樹状構造のそれぞれの枝の末端にグアニジン基を有している。このグアニジン基はタンパク質などと複数の水素結合を形成する性質

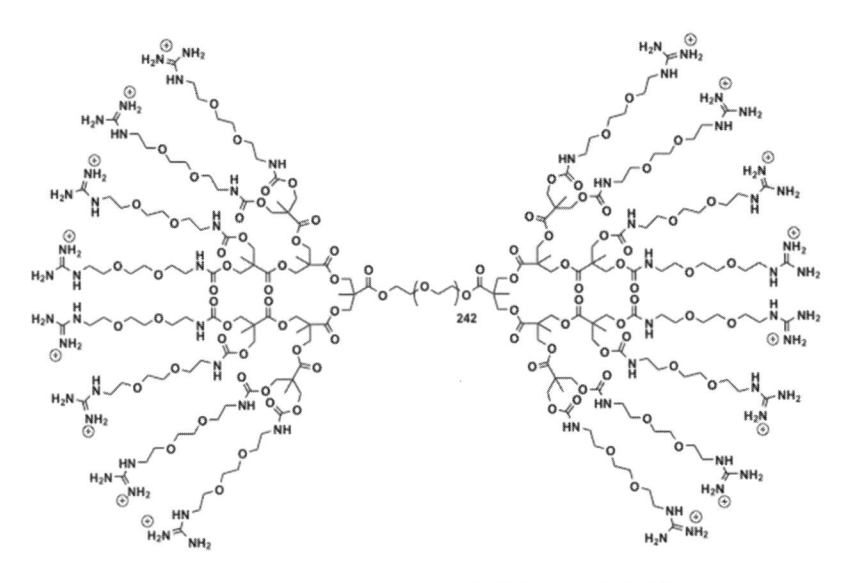

図 5-36　アクアマテリアルの基本単位である樹状高分子

を持っていることから、グアニジン基を多数有する樹状高分子は「分子のり」とも呼ばれる。この分子のりがタコの足のように働き、図 5-37 に示すようにポリアクリル酸ナトリウムによって分散されたナノクレイと結合することによって三次元網目を形成し、その結果ゲルが得られる。

このアクアマテリアルの最大の特徴は、重量に換算して 95% 以上が水から

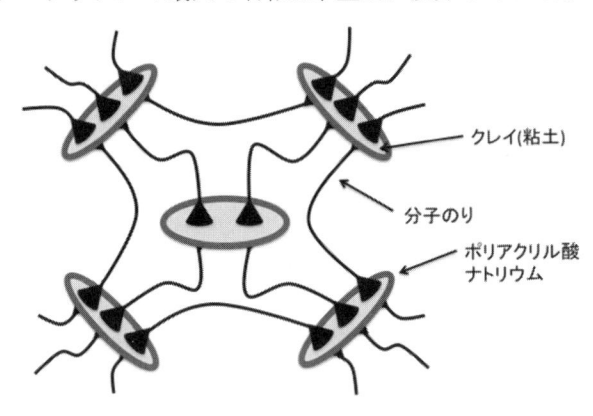

図 5-37　アクアマテリアルの構造

できているにも関わらず、強度に優れることである。さらに興味深いことは、このゲルが一度切断されても、断面同士を接触させるとすぐに接着し、ゲルが修復されることである。これらの特徴は、架橋点であるナノクレイが均一に分散していることと、分子のりとクレイが形成する多数の可逆的な非共有結合によってもたらされていると考えられる。

5.10.3 ダブルネットワークゲル（DN ゲル）

図 5-38 に示すように、化学ゲルの三次元網目の中に低分子化合物であるモノマーや架橋剤を含浸させて、再度重合を行うことによって得られる、2 種類の網目が相互に貫入し絡み合った構造を持つゲルを相互貫入網目ゲル［IPN（Interpenetrating network）ゲル］と呼ぶ。異なった種類の網目鎖を組み合わせて得られる IPN ゲルは、それぞれの網目鎖が単独で示す性質とは異なった性質を示すことが古くから知られている。龔らは、剛直な網目鎖と柔軟な網目鎖を持つ 2 種類の網目を特定の比率で組み合わせることにより、強度が著しく向上した IPN ゲルを合成し、ダブルネットワークゲル（DN ゲル）と名付けた[18]。

代表的な DN ゲルとして、図 5-39 に示すように、ひとつ目の三次元網目として強電解質で剛直なポリ（2-アクリルアミド-2-メチル-1-プロパンスルホン酸）（PAMPS）を用い、二つ目の三次元網目には中性で柔らかいポリアク

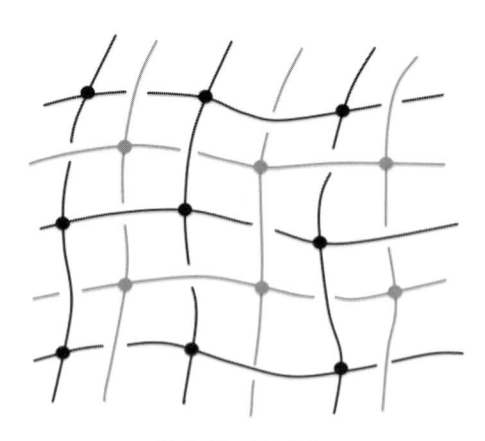

図 5-38　IPN ゲル

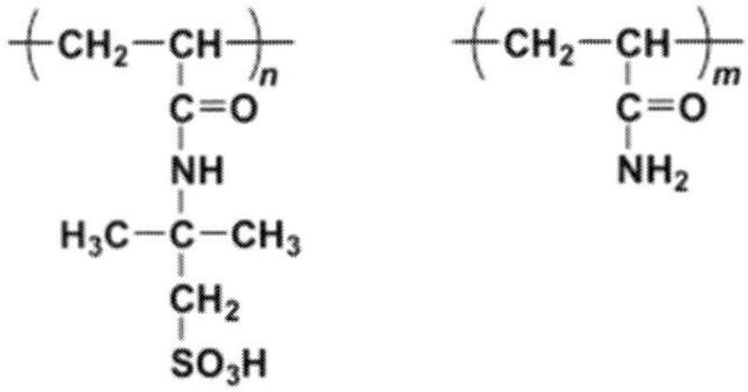

第 5 章　架橋点

図 5-39　DN ゲルの構成要素

リルアミド（PAAm）を用いた例がある。この 2 種類の三次元網目を組み合わせて用いたとき、特に高強度化の重要な条件として、

① 剛直な網目鎖が密に架橋され、柔軟な網目鎖が疎に架橋されていること。
② 柔軟な網目鎖の濃度が高く、架橋点間分子量が大きいこと。

の 2 点が挙げられる。このように DN ゲルでは、二つの網目が相補的に機能することによって強度向上が達成されている。DN ゲルに応力がかかると、まず剛直な PAMPS ゲルの網目鎖が局所的に切断され、ゲルが降伏する。この PAMPS ゲル網目鎖の切断がゲル内の各所で起こることにより、応力によってゲルに与えられたエネルギーが散逸される。次に柔軟な網目鎖の切断が起こるには、剛直な網目鎖の切断が始まりその切断する範囲がある程度広がる必要があると考えられるため、ゲル全体として見るとマクロ的なゲルの断裂は起こりにくく、結果的に非常に高強度のゲルとなる。

　この DN ゲルにおけるエネルギーの散逸を担う結合は「犠牲結合」と呼ばれ、PAMPS ゲル網目の場合犠牲結合は共有結合である。しかし、犠牲結合が共有結合では、DN ゲルに応力が掛かるたびに、ゲル内部では網目鎖の破壊が進行しゲルの劣化が推進されることとなる。このため最近では、疎水性相互作用やイオン結合などの非共有結合を犠牲結合に用いることによりゲル網目の劣化を極力抑制した高強度化の研究も推進されており、ゲルの高強度化に向けた指針として注目されている。

5.10.4　テトラ-ポリエチレングリコールゲル（Tetra-PEG ゲル）

　理想網目に極めて近い均一な三次元網目の合成を可能にした代表例が、酒井らによって合成された Tetra-PEG ゲルである[19]。Tetra-PEG ゲルは、図 5-40 に示すように分子量の揃った 4 本のポリエチレングリコール鎖より構成される 4 分岐星型高分子（Tetra-PEG）を基本的な構成成分とし、末端官能基の種類が異なる 2 種類の Tetra-PEG より合成される。この 2 種類の末端官能基のうち、ひとつの末端官能基はアミノ基であり、もうひとつの末端官能基は活性エステル基である。ゲルの調製法は簡単で、2 種類のそれぞれの末端官能基を持っている Tetra-PEG の溶液を混合するのみである。

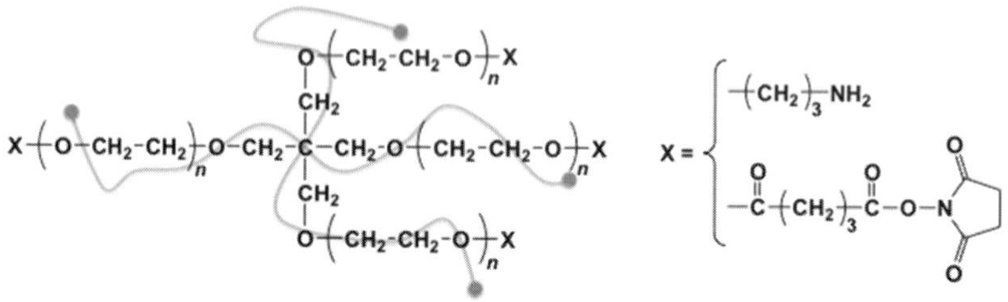

図 5-40　Tetra-PEG ゲル合成のための末端基の異なる 2 種類の 4 分岐 PEG

　それぞれの末端官能基を持つ Tetra-PEG は、4 分岐鎖の末端にあるアミノ基と活性エステル基が反応するため、ゲルの三次元網目における結合欠陥の原因となる同一分子内での反応によるループ構造の形成は起こらない。また、高分子鎖の末端での反応であるため高分子鎖による立体障害の影響も少ないと考えられることに加えて、アミノ基と活性エステルとの高い反応性のために架橋反応が容易に高効率で進行する。このためほぼすべての網目鎖において架橋点間の分子量は前駆体として用いた末端基の異なる 2 種類の Tetra-PEG のそれぞれの分岐鎖の分子量の和となる。このように前駆体として用いられる Tetra-PEG の形態および末端官能基が適切に設計されているため、三次元網目構造の均一性が非常に高い理想網目に極めて近い構造を取っていると考えられ、物性的にも高い力学特性や変形性を実現することとなると考えられる。

第 5 章　架橋点

5.11　インプリントゲルによる分子認識

　ゲルは、線状の高分子と比較して、架橋されていることに基づく様々な特徴を発現する。例えば、ゲルは三次元空間を内部に有するため、様々な物質をその内部に取り込み保持することができる。ここでは、架橋点の形成と強く関連した例として、三次元網目鎖の内部空間を活かして選択的に分子を認識し、化学物質を取り込むインプリントゲルについて紹介する。このほか、ゲルの内部空間を利用した研究については第 6 章で紹介する。

　図 5-41 には、インプリントゲルの概念を示した[20]。まず、分子認識のターゲットとなる分子と、イオン相互作用などによってターゲット分子と相互作用するモノマーを混合し、会合体を形成させた溶液を調製する。この溶液を調製した状態でゲル化させることによって、会合体構造を内部に含有したゲルが調製できる。その後、ゲル内部に含有されているターゲット分子を取り除く。ターゲット分子が除去されたゲル内の空間は、その形状や広さ、官能基の立体的な配置などといった、かつてその場に存在したターゲット分子の

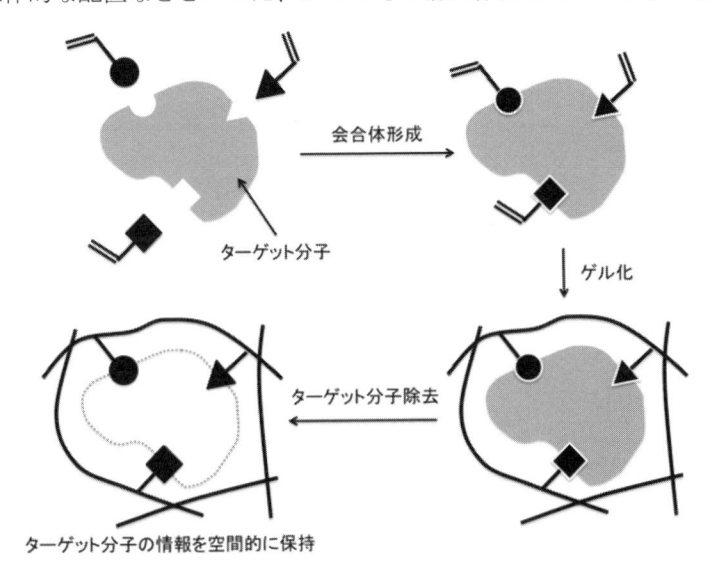

図 5-41　インプリントゲル

情報を保持して、あたかもターゲット分子の情報がゲルの三次元網目に刷り込まれる（インプリント）こととなる。

この手法は、線状高分子の合成において鋳型を用いて重合することにより高分子の構造を制御しようとする手法（鋳型重合）と同じ考え方であるが、ゲルの合成に適用することにより、分子の三次元情報をゲルの三次元網目中に付与することができる点がポイントである。このインプリントゲルを用いると、ターゲット分子の認識能がインプリントしていないゲルに比べて格段に向上することが報告されている[20]。

生体分子をターゲット分子として用いると、生体分子に応答するインプリントゲルを得ることができる[21]。例えば、腫瘍マーカーとして用いることができる糖タンパク質をターゲット分子とし、その糖鎖部位に対しては糖鎖を認識するレクチンを有するモノマーを、また、そのタンパク質部位に対してはタンパク質を認識する抗体を有するモノマーを用いてゲルを合成する。いま、腫瘍マーカーが存在すると三次元網目上のレクチンと抗体の両者に相互作用を持ち、架橋点を形成することとなる。この架橋点の生成により、腫瘍マーカーに応答して収縮するゲルが得られる。このゲルは、分子認識性を有しており、糖鎖部位を有するが抗体とは結合できない卵白アルブミンに対しては応答せず、標的分子である腫瘍マーカーの存在下でのみ収縮する。

また、生体分子コンプレックスを架橋点として導入し、ターゲット分子の存在下でコンプレックス構造が入れ替わることによって膨潤する「生体分子架橋ゲル」についての研究も行われている。これらの特異的分子認識ゲルの考え方は、抗体や酵素が特異的に基質を認識している生体系と類似しており、病気の診断への応用など今後の展開が期待される。

参考文献

1. Brandrup, J.; Immergut, E. H.; Grulke, E. A. (Eds.) *Polymer Handbook Fourth Edition*, Wiley-Interscience, 1999.
2. Hirokawa, Y.; Jinnai, H.; Nishikawa, Y.; Okamoto, T.; Hashimoto, T. *Macromolecules* **1999**, *32*, 7093-7099.

3. Park, Y.; Hashimoto, C.; Hashimoto, T.; Hirokawa, Y.; Jung, Y. M.; Ozaki, Y. *Macromolecules* **2013**, *41,* 3587-3602.
4. Webster, O. W. *Science* **1991**, *251,* 887-893.
5. Szwarc, M. *Nature* **1956**, *178,* 1168-1169.
6. Szwarc, M.; Levy, M.; Milkovich, R. *J. Am. Chem. Soc.* **1956**, *78,* 2656-2657.
7. 蒲池幹治、遠藤剛、岡本佳男、福田猛監修　ラジカル重合ハンドブック、エヌ・ティー・エス, 2010.
8. Gao, H.; Matyjaszewski, K. *Prog. Polym. Sci.* **2009**, *34,* 317-350.
9. Tillet, G.; Boutevin, B.; Ameduri, B. *Prog. Polym. Sci.* **2011**, *36,* 191-217.
10. Kolb, H. C.; Finn, M. G.; Sharpless, K. B. *Angew. Chem. Int. Ed.* **2001**, *40,* 2004-2021.
11. Theato, P. *J. Polym. Sci. Part A: Polym. Chem.* **2008**, *46,* 6677-6687.
12. 河原徹、伊田翔平、谷本智史、廣川能嗣　高分子ゲル研究討論会講演要旨集 **2013**, *24,* 7-8.
13. 木村亮平、伊田翔平、谷本智史、廣川能嗣　高分子学会予稿集 **2012**, *61,* 661.
14. Okumura, Y.; Ito, K. *Adv. Mater.* **2001**, *13,* 485-487.
15. 荒井隆行、高田十志和　高分子学会予稿集 **2009**, *58,* 3631-3633.
16. Haraguchi, K.; Takehisa, T. *Adv. Mater.* **2002**, *14,* 1120-1124.
17. Wang, Q.; Mynar, J. L.; Yoshida, M. Lee, E.; Lee, M.; Okuro, K.; Kinbara, K.; Aida, T. *Nature,* **2010**, *463,* 339-343.
18. Gong, J. P.; Katsuyama, Y.; Kurokawa, T.; Osada, Y. *Adv. Mater.* **2003**, *15,* 1155-1158.
19. Sakai, T.; Matsunaga, T.; Yamamoto, Y.; Ito, C.; Yoshida, R.; Suzuki, S.; Sasaki, N.; Shibayama, M.; Chung, U. *Macromolecules* **2008**, *41,* 5379-5384.
20. Wulff, G. *Angew. Chem. Int. Ed. Engl.* **1995**, *34,* 1812-1832.
21. 宮田隆志　生体分子応答性ゲル(驚異のソフトマテリアル-最新の機能性ゲル研究-第8章)　日本化学会編 **2010**, 97-103.

第6章 流　　体

　ゲルは、三次元網目の中に、流体が閉じ込められたものであり、閉じ込められる流体としては、気体と液体が考えられる。流体が気体の場合は、キセロゲルと呼ばれ、吸湿剤のシリカゲルがその代表例である。流体が液体の場合には、液体が水であればヒドロゲル、また、液体が有機溶媒であればオルガノゲルと呼ばれる。このように、ゲルの中に含まれる流体の種類によってゲルの名称も異なる（図 2-2 参照）。ここでは、われわれの身の回りに見られる、液体が閉じ込められたゲルについて述べる。

　ゲルの三次元網目の中に閉じ込められる液体の種類やその量は、網目鎖の化学構造のみならず、ゲルが保持されている温度や圧力、また、浸漬されている液体などの外的条件と密接に関係している。ゲルの中に閉じ込められている液体の量が変化すると、透明性などの外観や柔らかさなどゲルの様々な性質も変化する。すなわち、ゲルが多量の液体を吸収して大きく膨潤したり、あるいは、ゲルに含まれている液体をゲルの外へ放出して小さく収縮したりすることにより、ゲルはそれぞれの膨潤度（膨潤の程度を表す指標）に対応した様々な性質を現わすこととなる。図 6-1 には、ゲルの性質に大きな影響

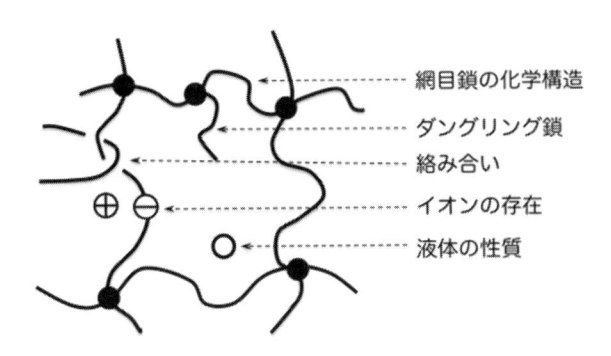

図 6-1　ゲルの性質を決める主な因子

を与えると考えられる因子について、ゲルの三次元網目の構造の観点から図示した。それらは、ゲルの三次元網目を構成する網目鎖の化学構造、ダングリング鎖（網目にぶら下がった片末端が架橋されていない網目鎖）や網目鎖の絡み合いなどの三次元網目の網目構造、網目鎖上のイオンの存在、また、ゲルに含まれている液体の種類などである。

特に液体が極性の高い水のヒドロゲルにおいては、イオンなどが解離した状態で存在することができることや、また、生体系の機能性との関係などにおいて大変興味が持たれる。そこで、本章では、ゲルが含む流体が水の場合のヒドロゲルを中心に考えてみたい。

6.1 ゲルの膨潤度を決める浸透圧

ゲルは回りの水をゲルの中へ吸収し大きく膨潤したり、ゲルが含んでいる水をゲルの外へ放出して収縮したりして、ゲルの膨潤度を変化させる。それでは、ゲルの膨潤度は何によって決まるのであろうか。いま、図 6-2 に示すように、高分子の水溶液と純水が、最初、同じ高さで半透膜を介して接しているとする。少し時間が経つと、高分子の水溶液は半透膜を通して反対側にある水を取り込み、高分子溶液の液柱の高さが上昇し始める。さらに時間が経ち最終的には、高分子水溶液が水を取り込む力と高分子水溶液の液柱と純水の液柱の高さの差に基づく重力とがバランスするところで釣り合って平衡となる。

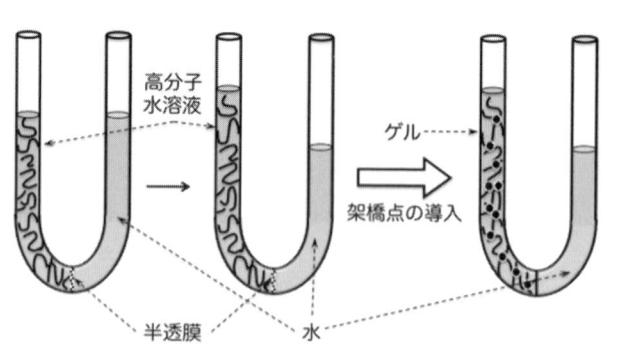

図 6-2 ゲルの浸透圧

このとき、高分子の水溶液は純水との液柱の高さの差に対応した圧力、すなわち、浸透圧を持っていると考えることができる。いま、この水溶液に溶けている高分子に架橋点を導入して三次元の網目にすると、高分子水溶液は三次元網目のゲルに変化し、高分子溶液と同様に、ゲルの場合においてもゲルの浸透圧を考えることができる。ただし、ゲルは三次元に架橋されたひとつの巨大な分子であり純水との境界が明確であるため、高分子溶液の場合には必要であった純水とを隔てるために用いた半透膜は不要と考えられる。

ゲルの膨潤度は、このゲルの浸透圧を用いて説明することができる。ここで、ゲルの浸透圧を考える上において高分子の水溶液の場合と異なる点は、ゲルでは高分子が架橋によって結ばれて三次元網目となるため、三次元網目の広がりにゴム弾性の影響が加わることや高分子の自由度が減ることである。そこで、まず、ゲルを純水中に浸漬したとき、ゲルの膨潤度が変化しなければ、そのゲルの浸透圧は水と等しくゼロとする。そして、ゲルを純水に浸漬したときに、ゲルが水を吸収して膨潤し膨潤度が増加すれば、水に浸漬する前のゲルは正の浸透圧を持っていると考える。一方、ゲルが内部の水を放出して収縮し膨潤度が低下すれば、収縮前のゲルは負の浸透圧を持っていると考える。それでは、ゲルの浸透圧とはどのようなもので構成されるのであろうか。

ゲルの浸透圧は、Flory-Hugginsの式をもとに、次に述べる四つの圧力により構成されていると考える[1]。

① 架橋点間の網目鎖が示すゴム弾性による圧力
② 三次元網目と液体との相互作用による圧力
③ 三次元網目上に存在する解離したイオンによる圧力
④ 三次元網目と液体の混合エントロピーによる圧力

これら四つの圧力がどのようなことなのか、その内容について以下の項に説明する。

6.1.1 架橋点間の網目鎖が示すゴム弾性による圧力

いま、架橋点を結ぶ網目鎖の分子量（架橋点間分子量と呼ばれる）が等しく、ひとつの架橋点に結合している網目鎖の数（架橋多重度とも呼ばれる）

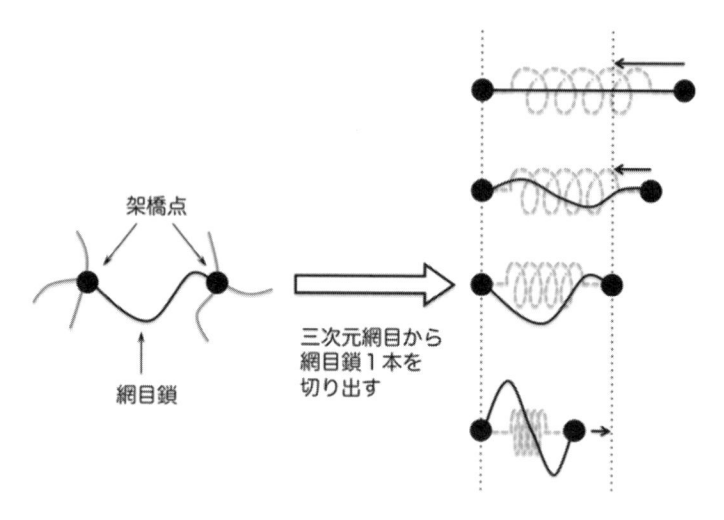

図 6-3　網目鎖の形態と末端間距離

も等しい「理想網目」でゲルができていると仮定する。このゲルの三次元網目を図 6-3 に示すように架橋点で切断することによって 1 本の網目鎖を切り出し、真空中に保持する。すなわち、この網目鎖 1 本の周りには何もなく、液体などの影響を受けない状態に保持しているとする。このような状態で、いま、図 6-3 の右側に示すように、1 本の網目鎖の両端を持って一杯に引き延ばすと、網目鎖が取り得る形態（コンフォメーションと呼ばれる）の数はひとつであり、1 本の直線となる。

しかし、その両端を少しずつ近づけていくと、網目鎖はゆるみ始め、熱運動によっていろいろな形態をとることができるようになる。さらに両端をどんどん近づけていくと、とれる形態の数が増加する。ところが、両端をあまり近づけすぎると、今度は反対にとれる形態の数が減ることとなる。そこでこの網目鎖 1 本が一番多くの形態をとることができる両末端の距離が、この網目鎖の平衡状態における末端間距離（三次元網目の架橋点間距離に対応する）となる。

1 本の網目鎖が確率的に一番多くとる平衡状態における形態は、通常、糸毬状である。この平衡状態にある網目鎖の両端を持ち、引っ張って末端間距

離を長くしようとすると反対方向の伸びようとしない力が発生する。一方、両端を持って末端間距離を逆に短くしようとすると、反対方向の縮まろうとしない力が発生する。これはちょうどバネが外力に対して示す応答と同じである。また、網目鎖の末端間距離を一定にして温度を変化させた場合、加熱して温度が高くなれば網目鎖の熱運動が激しくなり、末端間距離は短くなろうとするため縮む方向の力が発生する。しかし、逆に冷却して温度を低くすれば、網目鎖の熱運動は緩慢となり、網目鎖の末端間距離は長くなろうとするため伸びる方向の力が発生する。このようにして発生する圧力は、ゴム弾性（エントロピー弾性とも呼ばれる）による圧力（π_1）であり、次の（6.1）式で表される。

$$\pi_1 = \nu \cdot kT \cdot \left[\frac{\phi}{\phi_0} - \left(\frac{\phi}{\phi_0} \right)^{1/3} \right] \tag{6.1}$$

ここで、νは単位体積あたりの架橋点間網目鎖の数、kはボルツマン定数、Tは絶対温度、ϕはその状態における網目鎖の体積分率、ϕ_0は網目鎖がランダムコンフォメーションをとったとき（基準とする状態）の網目鎖の体積分率である。

6.1.2 三次元網目と液体との相互作用による圧力

砂糖や食塩を水に加えると、簡単に水に溶けて溶液になる。砂糖や食塩などの低分子化合物が溶解するとき、これらの物質と水との相互作用に加えて、これらの低分子化合物が水の中を自由に動き回れるエントロピーが重要な役割を果たす。一方、高分子の溶解性は、それを構成するモノマーユニットの溶解性に比べて、重合度（高分子を構成するモノマー単位の数）の分だけエントロピーの寄与が減少する。その結果、高分子の溶解性は、高分子と溶媒との相互作用（エンタルピー）が重要となる。

水と親和性のあるアミド基を持ち、水との親和性を阻害する置換基を持たないポリアクリルアミドなどの高分子は水に容易に溶解する。一方、ポリスチレンのようにすべて炭化水素で構成されていて、水と親和性のある官能基を持たない高分子では、水には溶解せずにベンゼンやトルエンなどの非極性

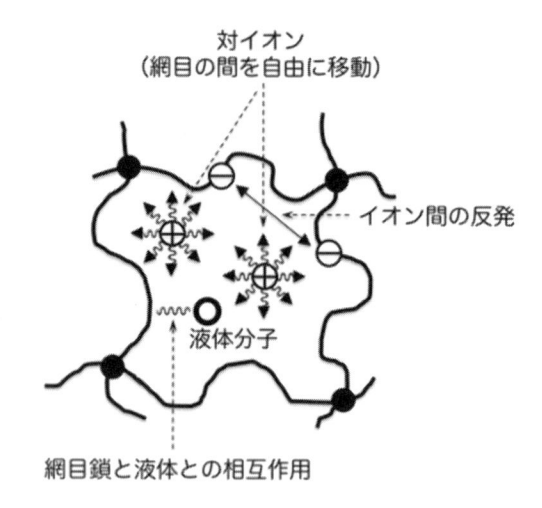

図6-4 ゲルの浸透圧に寄与する因子

の有機溶媒に溶解する。そして、ゲルが液体を吸収して膨潤するには、図6-4に示すように、網目鎖と液体との相互作用が重要であり、この相互作用に基づく圧力がゲルの浸透圧に寄与する。

　網目鎖が液体を吸収するのは、網目鎖と液体との相互作用が、網目鎖と網目鎖の相互作用より強いためである。反対に、網目鎖同士の相互作用が、網目鎖と液体との相互作用より強ければゲルは液体を吸収せず膨潤しない。このように網目鎖と液体との相互作用から生じる圧力（π_2）は、(6.2)式によって与えられる。

$$\pi_2 = -\frac{N \cdot \Delta F}{2 v_0} \phi^2 \tag{6.2}$$

ここで、N はアボガドロ数、ΔF は網目鎖同士が接触することに基づく自由エネルギーの減少量であり、v_0 は液体のモル体積である。

6.1.3　三次元網目上に存在する解離したイオンによる圧力

　ゲルの三次元網目上にイオン解離基があるゲルでは、イオン間の相互作用に基づく圧力もゲルの浸透圧に寄与する。図6-4に示すように、例えば、カルボキシル基（−COO⁻）のようなマイナスイオンが三次元網目に結合してい

ると、網目鎖に結合した他のマイナスイオンと反発する。その結果、三次元網目は広がる方向の力を受けることとなる。また、網目鎖に結合したマイナスイオンの対イオンであるプラスイオンは、解離しているとゲルの三次元網目の間を自由に動き回ることができる。そして、プラスイオンが三次元網目の外、すなわち、ゲルの外へ飛び出そうとすると、ゲルの電気的中性を保つために、網目鎖に結合したマイナスイオンによりゲルの中へ引き戻されることとなる。その結果、自由に動き回れる対イオンのプラスイオンはゲルの三次元網目に外向きの圧力を与えることとなる。このことは、ゴム風船に閉じ込められた気体が風船中を自由に飛び回り、気体分子が風船のゴム膜に当たることにより風船に外向きの圧力を与えることと同様に考えられる。このイオンによる圧力は、(6.3)式によって与えられる。

$$\pi_3 = f \cdot \nu \cdot kT \left(\frac{\phi}{\phi_0} \right) \tag{6.3}$$

ここで、f は架橋点間網目鎖 1 本あたりの解離しているイオン解離基の数である。

　このことは、逆に三次元網目に結合したイオン解離基が解離していなければ、網目鎖に結合したイオン間の反発は起こらず、また、対イオンは自由に動き回れないので、イオンによる圧力は発生しないこととなり、イオン解離基を持たないゲルと同様となる。

6.1.4　三次元網目と液体の混合エントロピーによる圧力

　ゲルの三次元網目と液体の関係は、第 1 章で述べたように、相補的な関係にある。三次元網目がないと液体は流れてしまい、また、液体がないと三次元網目はその広がりを保てなくなる。いま、ゲルから三次元網目を取り除くと液体中には三次元網目のすき間ができることとなる。このため、ゲルの中に閉じ込められている液体は、単に通常の液体として存在しているときとは異なったエントロピーを持つこととなる。このエントロピーの違いに基づく圧力もゲルの浸透圧に寄与する。いま、液体分子の数を n、その液体分子 1 個の体積を υ とすると、混合のエントロピー ΔS およびゲルの体積 V は、そ

れぞれ (6.4) 式および (6.5) 式によって与えられる。

$$\Delta S = n \times \ln(1-\phi) \tag{6.4}$$

$$V = \frac{n\upsilon}{(1-\phi)} \tag{6.5}$$

したがって、ゲルの三次元網目と液体の混合のエントロピーに基づく圧力 (π_4) は、(6.6) 式によって与えられる。

$$\pi_4 = -\frac{\partial(kT \cdot \Delta S)}{\partial V} = \left(\frac{kT}{\upsilon}\right)[\phi + \ln(1-\phi)] \tag{6.6}$$

6.2 ゲルの状態方程式と相図

ゲルの膨潤度を決めるゲルの浸透圧 (Π) は、第 6.1 節で述べた四つの圧力の和として、(6.7) 式に示すような形で与えられる。

$$\Pi = \nu \cdot kT \left[\frac{\phi}{2\phi_0} - \left(\frac{\phi}{\phi_0}\right)^{1/3}\right] - \frac{N \cdot \Delta F}{2\upsilon_0}\phi^2$$

$$+ f \cdot \nu \cdot kT \left(\frac{\phi}{\phi_0}\right) - \frac{N \cdot kT}{\upsilon_0}[\phi + \ln(1-\phi)] \tag{6.7}$$

ここで、右辺のゴム弾性に由来する第 1 項中の分母に 2 が含まれるのは、網目鎖が架橋によって固定されるため、移動の自由度が減ったためである。この式は、浸透圧 (Π) と網目鎖の体積分率と絶対温度の関係を示し、ゲルの状態方程式と呼ばれる。

ゲルが水などの液体中で平衡状態にあるとすると、ゲルの浸透圧はゼロであるので (6.7) 式をゼロとすることにより、(6.8) 式が得られる。

$$\tau \equiv 1 - \frac{\Delta F}{kT} = -\frac{\nu v_0}{N\phi^2}\left[(2f+1)\left(\frac{\phi}{\phi_0}\right) - 2\left(\frac{\phi}{\phi_0}\right)^{1/3}\right] + 1 + \frac{2}{\phi} + \frac{2\cdot\ln(1-\phi)}{\phi^2} \tag{6.8}$$

(6.8) 式の左辺は、換算温度（τ）と呼ばれ、その変数として絶対温度（T）と網目鎖同士が接触することに基づく自由エネルギーの減少量（ΔF）の関数である。したがって、絶対温度を変化させたり、または、液体の組成を変化させたり、あるいはそれらの両方を変化させることによって、換算温度を任意に変化させることができる。このことは、絶対温度の変化と液体の組成変化は、物理的には同じ意味であることを示している。(6.8) 式の右辺は、架橋点間網目鎖 1 本あたりの解離しているイオン解離基の数を示す f と網目鎖の体積分率を示す ϕ の関数である。

いま、ゲルの三次元網目の体積分率が ϕ のときのゲルの体積を V とし、基準状態のゲルの三次元網目の体積分率が ϕ_0 のときのゲルの体積を V_0 とすると、(6.9) 式の関係が成り立つ。この式の右辺は膨潤度（V/V_0）の逆数である。

$$\frac{\phi}{\phi_0} = \frac{V_0}{V} \tag{6.9}$$

(6.9) 式の関係を用いて、(6.8) 式から換算温度（τ）と膨潤度の関係を導き出し、これらの関係を、架橋点間網目鎖 1 本あたりの解離しているイオン解離基の数を表す f の一連の整数値に対してプロットすると、図 6-5 が得られる。

この図 6-5 において、$f=0$ のとき、すなわち、解離したイオン解離基を持たないゲルでは、換算温度の変化とともに、ゲルの膨潤度が単調に変化する膨潤曲線を示す。f が少し大きくなり 0.659 のときは、膨潤曲線は臨界点を通過することとなる。f が 0.659 より大きくなり、網目鎖が解離したイオンを架橋点間あたり平均 0.659 個以上持つようになると、ゲルの膨潤曲線に極大値と極小値が表れてマクスウェルのループが現れるようになり、膨潤曲線上にエネルギー的に等しい点が出現する。一連の f 値が異なる膨潤曲線において、このエネルギー的に等しい点を結んで得られる曲線が共存曲線と呼ばれ

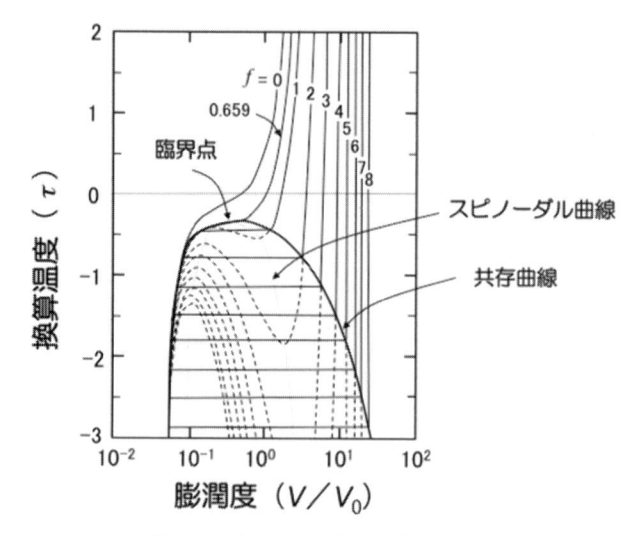

図 6-5　ゲルの理論膨潤曲線と相図

る曲線である。絶対温度が変化したり、液体組成が変化したりすることによって換算温度が変化して、ゲルの膨潤度が変わり、ゲルはエネルギー的に等しい点の膨潤度に達すると、エネルギー的に等しいもうひとつの点に不連続に変化する。

また、f値が 0.659 より大きなゲルの膨潤曲線に見られるマクスウェルのループの極大値と極小値を結んだ曲線はスピノーダル曲線と呼ばれる。スピノーダル曲線の内側の状態にゲルが存在すると、ゲルはもはや安定には存在することができず、ミクロ相分離を引き起こし、最終的には収縮状態、あるいは、膨潤状態へと変化する。共存曲線とスピノーダル曲線との間の領域は準安定状態の領域であり、この準安定状態にゲルがあると、微小な外的刺激によって安定な状態（膨潤状態、または、収縮状態）へと変化する。過冷却の水が微小な外的刺激によって固体の氷へ変化するのと同じである。

図 6-5 を三次元的に示したのが図 6-6 である。図 6-5 の縦軸の換算温度、横軸の膨潤度に加えて図 6-6 では第 3 の軸として f値の軸が設けられている。この第 3 の f値の軸は架橋点間網目鎖上の解離しているイオンの数であり、ゲルの三次元網目に内圧を与える値である。このように図 6-6 はゲルの体積、

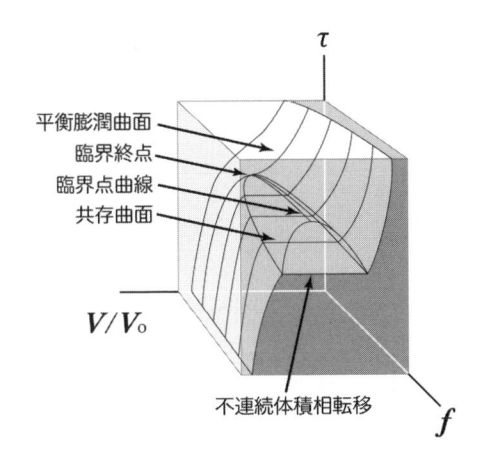

図中ラベル: 平衡膨潤曲面、臨界終点、臨界点曲線、共存曲面、不連続体積相転移、τ、V/V_0、f

図 6-6 ゲルの三次元相図

温度、および、圧力の関係を示しており、ゲルの三次元相図とみることができる。そして、ゲルは、この相図上の膨潤状態と収縮状態の間にある準安定状態と不安定状態（スピノーダル領域）を横切るときに不連続な体積相転移を示すことになる。表 6-1 には、状態方程式を記述するパラメーターおよび相について、ゲルと水などの流体とを対応させて示した。

流体の体積に対応する因子はゲルでは膨潤度である。流体の絶対温度（T）に対応する因子はゲルの場合換算温度（τ）でありこの換算温度は、絶対温度のみならず液体組成の関数でもある。また、圧力に対応する因子は、ゲルの場合は浸透圧である。

表 6-1 状態方程式におけるゲルと流体の対応関係

ゲル		流体	
浸透圧	π	圧力	P
換算温度	τ	絶対温度	T
膨潤度	V/V_0	体積	V
膨潤相（状態）		気相	
収縮相（状態）		液相	
固相（状態）		固相	

6.3 ゲルの膨潤と収縮

　ゲルの膨潤・収縮挙動は、ゲルの相図を用いて理解することができる。図6-7には、図6-5から選んだf値が2のゲルの膨潤曲線を示した。

　f値が2を持つゲルは、対応する膨潤曲線上で浸透圧はゼロであり、ゲルの絶対温度が変化したり浸漬されている液体組成が変化したりして換算温度が変化しない限り膨潤度は変化しない。

　浸透圧がゼロの膨潤曲線は、また、図6-7に示すゲルの相図を浸透圧が正と負の二つの領域に分割していると考えられる。膨潤曲線の上側は浸透圧が正の領域であり、この領域、例えば、図6-7の①にゲルがあり、絶対温度や液体組成が変化せず換算温度が一定とすると、ゲルは図中の右向矢印に沿って膨潤し浸透圧がゼロの膨潤曲線上の状態へと変化する。この膨潤の過程で、ゲルを液体中から取り出すと、ゲルはもはや膨潤できなくなるが、正の浸透圧を持っているので、収縮することもない。

　一方、膨潤曲線の下側は浸透圧が負の領域であり、この領域、例えば、

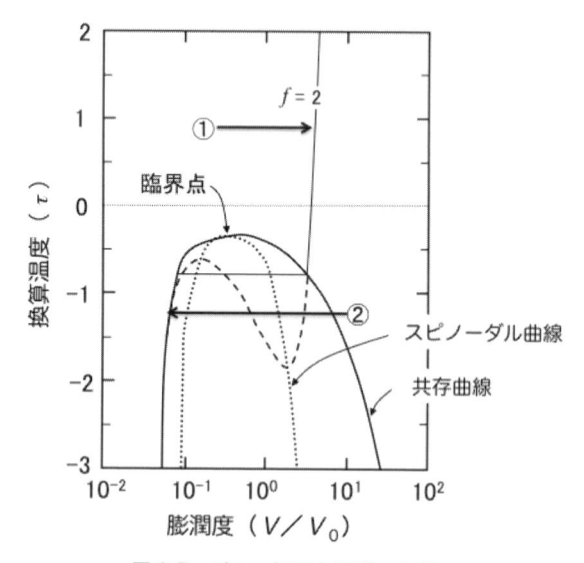

図6-7　ゲルの相図と膨潤・収縮

第6章 流 体

図6-7の②にゲルがあると、ゲルは図中の左向矢印に沿って収縮し、浸透圧がゼロの状態の膨潤曲線上へと変化する。この収縮の過程で共存曲線を横切り、このときにゲルは不連続な体積変化を示す。また、スピノーダル領域を横切るときにゲルはミクロ相分離を起こし白濁などが観察される。このように、ゲルが膨潤するか収縮するかは、ゲルが相図上のどの位置にあるかによって決まり、ゲルの相図を理解することは、ゲルの挙動を理解する上で大変重要である。

6.4 ゲルの膨潤度変化の速さ

これまでは、ゲルの膨潤度がどのような因子で決まるかについて述べてきた。それでは、ゲルが膨潤度を変化させるのに要する時間（t）は、何によって決まるのであろうか。結論から述べると、ゲルの特徴的な長さをlとすると、tとlは、(6.10) 式の関係にある[2]。

$$t = \frac{l^2}{D} \tag{6.10}$$

この式が示していることは、ゲルが膨潤度を変化させる時間はゲルの特徴的な長さの2乗に比例することである。すなわち、ゲルが2倍に大きくなれば膨潤度を変化させるのに要する時間は4倍長くかかることになり、ゲルが大きければ大きいほど、膨潤度を変化させるのに長時間必要となる。(6.10) 式中のDは網目鎖の拡散係数（コレクティブな拡散係数と呼ばれる）であり、網目鎖の弾性率に比例し、網目鎖と液体との摩擦係数に反比例する値である。ゲル網目鎖の弾性率が大きいと、ゲルは速く膨潤度を変化させ、また、網目鎖と液体との摩擦が大きいと、ゲルは膨潤度を変化させるのに時間がかかることになる。(6.10) 式が成り立つことは、感温性ゲルであるPNIPAAmゲルを用いて、温度ジャンプ法により実験的に確認されている[2]。

6.5 イオン液体を溶媒に用いたゲル

これまでは、溶媒として三次元網目の中に水を閉じ込めたヒドロゲルにつ

いて、水と網目鎖との関係によって導かれるゲルの膨潤・収縮のメカニズムについて理論的に考えてきた。これらのことからもわかるように、ゲルの体積の大部分を占める流体はゲルの様々な性質を決める重要な因子のひとつである。流体が液体のゲルとしては、水を網目内部に閉じ込めたヒドロゲル、有機溶媒を閉じ込めたオルガノゲルが代表例であるが、近年第三の液体として注目を集める「イオン液体」を流体として三次元網目の内部に含んだゲルについても研究が進められるようになってきている。

　イオン液体とは液体状態の塩のことである。「塩」と聞くと一般的には塩化ナトリウムや水酸化ナトリウムなど無機の塩を思い浮かべるであろうが、これらの無機の塩は融点が高く、室温下では固体である。これに対して、イオン液体と呼ばれる一連の有機化合物は、イオンであるが融点が非常に低いために室温下でも液体として存在することができる。代表的なイオン液体として、図 6-8 に示すアルキル基を有するイミダゾリウム塩やピリジニウム塩が挙げられる。多くの有機溶媒が揮発しやすい性質を持っているのとは対照的に、これらのイオン液体は蒸気圧がほぼゼロであるために揮発せず、燃えにくいといった特徴を示すことから、環境にやさしい溶媒として注目を集めている。また、イオン液体は液体状態の解離したイオンであるため、高い導電性やイオン伝導性を示すことも大きな特徴である。このようなイオン液体は、アルキル基の構造やカチオンとアニオンの組み合わせを様々に変化させることによって、他の溶媒との親和性や融点などの物理的な性質や機能性を多種多様に設計することができる。

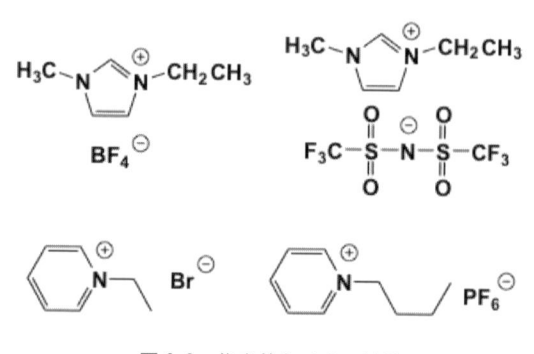

図 6-8　代表的なイオン液体

このような独特の性質を示すイオン液体をゲルの内部に閉じ込めることによって、ヒドロゲルやオルガノゲルとは異なる性質を持つゲルを合成しようという試みがなされている。例えば、メタクリル酸メチルなどのビニルモノマーをジビニル化合物の存在下、図 6-8 右上に示したイオン液体中でフリーラジカル重合を行うことにより、イオン液体を内部に含んだゲルが調製されている[3]。このようにして得られたゲルの膜は、透明かつ柔軟な自立膜であり、イオン液体に由来する独自の性質を示す。イオン液体の性質から予想されるように特にイオン伝導性に優れており、イオン液体を内部に閉じ込めたゲルは室温下で 10^{-2} S cm^{-1} もの高いイオン伝導度を示す。イオン液体は不揮発性であるため、このゲルはヒドロゲルのように水の蒸発に伴って起こるゲルの性質の変化が見られないことから、リチウムイオン電池や太陽電池に利用可能な新たな高分子電解質ゲル膜としての応用が考えられている。

第 4 章で見たように、溶媒と網目鎖の親和性が外部刺激によって変化することによりゲルが刺激応答性を発現することを、ヒドロゲルを中心に紹介した。これと同様に、イオン液体を含むゲルも特徴的な刺激応答性を示すことが示されている。例えば図 6-9 に示すように、PNIPAAm ゲルは水中とイオン液体中において全く違った温度応答挙動を示す。この PNIPAAm ゲルは、水中では第 4 章でも紹介したように、低温で膨潤、高温で収縮する LCST 型の温度応答性を示した。一方、溶媒を図 6-8 右上に示したイオン液体にすると、

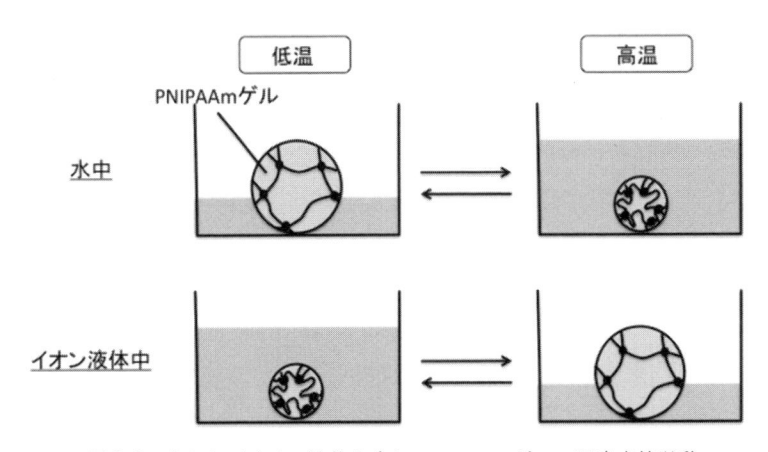

図 6-9　水およびイオン液体を含む PNIPAAm ゲルの温度応答挙動

水中でヒドロゲルが示した膨潤・収縮挙動とは逆に、低温で収縮、高温で膨潤する UCST 型の温度応答性を示すのである[4]。このほか、ポリ（ベンジルメタクリレート）は同じイオン液体中で LCST 型の温度応答性を示すなど、網目鎖とイオン液体のそれぞれの種類を変化させ、三次元網目と流体の親和性を変化させることによって様々なゲルの刺激応答挙動が発現する[5]。

水などの溶媒と異なりイオン液体は、常圧で液体状態をとる温度域が非常に広い。また、不揮発性や難燃性などの特徴と併せて考えると、イオン液体を溶媒として用いたゲルは幅広い温度や圧力などの条件下で利用できる刺激応答材料になる可能性を秘めている。さらに、イオン液体は置換基の構造だけでなく、カチオンとアニオンの組み合わせを変えることによって極性やイオン伝導度などの物性や機能性を様々に変化させることが可能であることから、さらなる発展が期待される。

6.6　ゲル内部空間の利用

ゲルの三次元網目の内部には、水などの流体とともに様々な化合物を閉じ込めることができる空間がある。様々な化合物とゲルの三次元網目との相互作用が強ければさらに効果的に蓄積収納することができるようになる。このような特徴を利用することにより、例えば有害物質によって汚染された水から有害物質のみをゲル中に取り込ませることによって水を浄化したり、逆に貴重な物質を廃水から回収したりすることが可能になる。また、触媒や酵素などをゲルに担持させることにより、不均一触媒と同様に触媒の連続的な使用や回収、再利用を容易にすることもできる。これらは既に実用化されているものも多く、ゲルの重要な特長と考えられる。本節では、このようなゲルの網目鎖との相互作用と内部空間を利用した研究について、筆者らの検討例を中心に紹介する。

6.6.1　物質の取り込み

ゲルは網目鎖からなる三次元空間を用いることにより、様々な物質を内部に取り込むことができる。この物質の取り込みは、ターゲットとなる分子と

網目鎖の相互作用による吸着に加えて、三次元網目によって空間的に束縛することにより、物質の拡散を制限することによって行われる。このようなゲルによる物質の取り込みを利用することにより、例えば汚染水から有害物質を除去したり、廃水に含まれる貴金属イオンなどの貴重な資源を回収したりすることが可能になる。

一例として、水中から芳香族有機化合物を回収する研究について紹介しよう。図 6-10 に示した構造を持つビスフェノール-A（BPA）は、ポリカーボネートなどのプラスチック原料として用いられ、われわれの身の回りに多く存在している化合物である。これらのプラスチックを洗浄したとき、微量の BPA が水に溶け出すことが指摘されており、一時は内分泌撹乱物質ではないかとの疑いも持たれていた。この BPA をモデル化合物として、ゲルを用い水に微量含まれている芳香族化合物の回収が検討されている [6,7]。

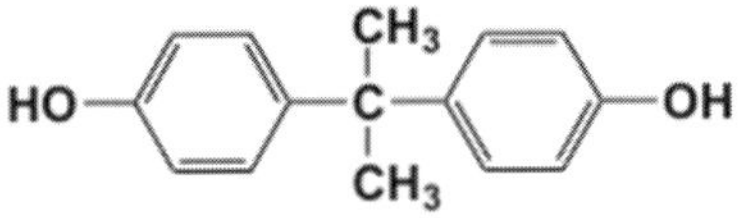

図 6-10　BPA

ここで、PNIPAAm ゲルを用いたときに図 6-11 に示すような興味深い挙動が観察されている。室温などの低温条件下では、PNIPAAm ゲルはほとんど BPA を取り込まないのに対し、40℃などの高温条件下において BPA の取り込み量が増加するのである。これは、PNIPAAm ゲルの相転移温度以上ではゲルの疎水性が高くなり、疎水性の BPA が取り込まれるためと考えられる。また、相転移温度以上であるためにゲルは収縮し、この収縮によって取り込んだ BPA の拡散が強く制限されることによって、BPA がゲルの外へ逃げ出し難くなっているものと考えられる。

この PNIPAAm ゲルによる BPA の取り込みにおいては、温度変化によって取り込む量を大きく変化させることから、高温下で BPA を取り込ませ、低温条件に移すことによって取り込んだ BPA を吐き出させることも可能となる。このように刺激応答性ゲルを物質の回収に用いると、外部からの刺激に応じて物質の取り込みと吐き出しを自在にコントロールすることができる。外部

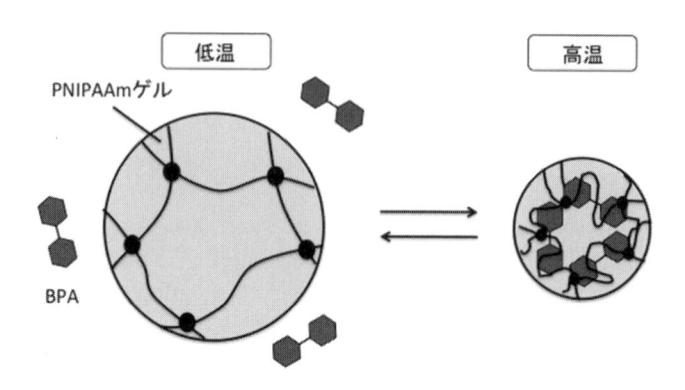

図 6-11　PNIPAAm ゲルによる BPA の取り込み

刺激によって取り込んだ物質を吐き出す機能は、特にドラッグデリバリーシステムへの応用が期待され、様々なゲルを用いて患部への効果的な薬剤の送達や、外部刺激による吐き出し量の制御などが試みられている[8]。

6.6.2　反応場としての利用：金属微粒子の調製

6.6.1 項で見たように、ゲルは様々な物質を内部に取り込み、閉じ込めることができる。ゲルの内部空間に閉じ込められた物質の拡散は三次元網目の存在によって制限を受けることから、ゲルの内部で閉じ込められた物質に反応を行うと、ゲルに取り込まれていないときと比べて大きな違いが見られるものと考えられる。このように、ゲルを空間的に限定された反応場として考えることにより、興味深い現象が観察されている。ここでは、ゲル内部での金属イオンの還元による金属微粒子の調製について紹介する。

金属微粒子はその形態に応じて、光学、電気・電子、磁気的性質および触媒活性においてバルクの金属とは大きく異なった性質を示すことが知られている。一般に金属微粒子は凝集しやすい性質を持っているため、調製時には安定に分散させるために保護剤の使用や反応場の設計が行われる。感温性高分子である PNIPAAm の存在下において白金微粒子を調製したところ、異形微粒子が得られたとの報告もあり[9]、高分子が金属微粒子の生成に大きく関与していることがわかる。また、ゲルの三次元網目は限定された反応場とし

ても考えることができることから、筆者らはゲルを反応場とした金属微粒子の調製に取り組んでいる。

水溶性のポリ（N,N-ジエチルアクリルアミド）（PDEAAm）ミクロゲルに金イオンを吸着させた後、還元反応を行うことによって金微粒子を調製した[10]。得られた試料について透過型電子顕微鏡（TEM）で観察を行ったところ、図6-12（a）に示すように、ミクロゲル表面に数十nmの立方体形状の金微粒子が観察された。一方、ミクロゲルを存在させずに金イオンの還元を行ったところ、金微粒子は得られず、図6-12（b）に示す金の大きな凝集塊が観察された。このことから、PDEAAmミクロゲル内の三次元網目が金微粒子の凝集を防ぐとともに、網目鎖の存在によって金粒子の成長方向を限定しているため、立方体形状の微粒子が得られたと考えられる。また、得られる微粒子の形状や大きさは、ゲルの構造や還元反応時の条件によっても様々に変化することが明らかとなっている。

ゲルを反応場として用いる場合、網目鎖の性質を変えることによって基質との相互作用を変化させることも容易であり、また、架橋密度を変化させることによって内部空間の大きさを制御することも可能である。このため、筆者らはゲルを用いることにより様々な反応場が設計可能であり、金微粒子だけでなく種々の金属微粒子の調製が可能になると考え、検討を進めている。同時に、今後はゲル内に閉じ込められた金属微粒子が独自の性質を発現する

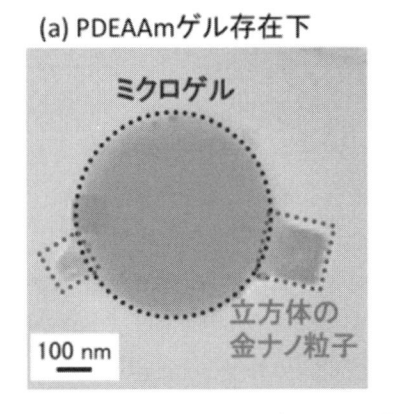

図6-12　金イオンの還元に与えるゲルの影響

かどうかも興味深いところである。

6.6.3 触媒の担持

　反応場としての利用に関連して、触媒をゲルに担持させる研究も検討されている。特に金属触媒を用いた反応では、反応生成物からいかに触媒を除去するかが重要となる。ゲルに触媒を担持することによって、触媒が溶媒に溶けている均一系と比較して反応系からの触媒除去は格段に容易となるほか、触媒のリサイクルも可能になる。本項では特に図 6-13 に示すような、ミクロゲルを核に持つ星型高分子に金属触媒を担持した例について紹介する。この星型高分子は、外側の線状高分子の存在によって溶媒に分散可溶化しているが、その核は高分子が架橋されたミクロゲルである。このミクロゲルに金属触媒を担持することによって、特異的な触媒機能が発現される。

図 6-13　核として触媒を担持したミクロゲルを持つ星型高分子

　例えば、図 6-14 に示すように、核にルテニウム錯体を有する星型高分子は、アルコールの酸化反応やケトンの水素化反応において、従来の低分子触媒と比較して、高い活性やリサイクル性を有することが澤本らによって報告されている[11,12]。さらに、ミクロゲル内の空間に触媒が存在することによって酸化されにくくなっているため、高い安定性を有していることもこの系の大きな特徴である。この星型高分子のミクロゲル部分に担持したルテニウム錯体は、ラジカル付加反応やリビングラジカル重合の触媒としても有効であることが最近明らかとなってきており[13]、今後の展開が楽しみである。

第 6 章 流　体　　119

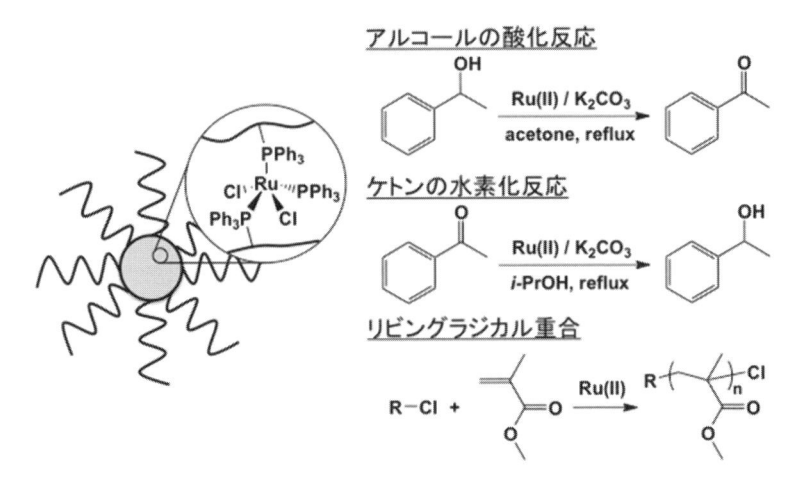

図 6-14　ルテニウム錯体を担持した星型高分子による触媒機能

　また、青島らは、星型高分子の枝部分に温度応答性高分子を導入した星型高分子触媒について報告している[14]。この触媒は、核のミクロゲル部分に分散した金ナノ粒子を担持しており、水中においてアルコールの酸化反応に高い触媒活性を示す。6.6.2 項でも述べたように、ゲルの三次元網目が金属微粒子の凝集を防ぎ、分散安定化させていることによって、高い触媒活性を保っているものと考えられる。この触媒の特徴として図 6-15 に示すように、反応後に溶液を加熱すると、星型高分子の温度応答性部位が凝集することによって触媒が沈殿し、ろ過だけで触媒の除去・回収を容易に行うことができることが挙げられる。回収した触媒は再使用が可能であり、繰り返し使用しても

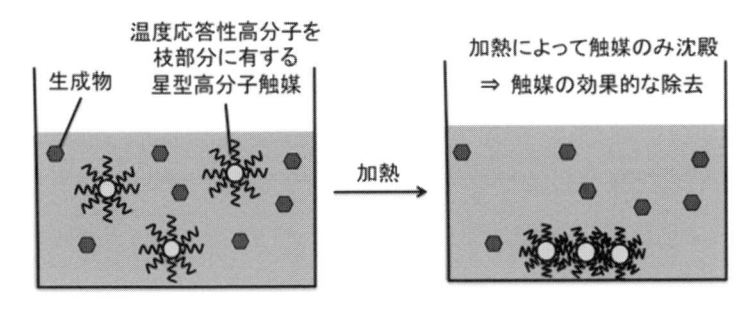

図 6-15　温度応答性高分子を枝部分に有する星型高分子触媒

触媒活性が低下しないことが報告されている。

参考文献

1. Tanaka, T. *Phys. Rev. Lett.* **1978**, *40*, 820-823.
2. Tanaka, T.; Sato, E.; Hirokawa, Y.; Hirotsu, S.; Peetermans, J. *Phys. Rev. Lett.* **1985**, *55*, 2455-2458.
3. Susan, M. A. B. H.; Kaneko, T.; Noda, A.; Watanabe, M. *J. Am. Chem. Soc.* **2005**, *127*, 4976-4983.
4. Ueki, T.; Watanabe, M. *Chem. Lett.* **2006**, *35*, 964-965.
5. Ueki, T.; Watanabe, M. *Langmuir* **2007**, *23*, 988-990.
6. Morisada, S.; Suzuki, H.; Emura S.; Hirokawa, Y.; Nakano, Y. *Adsorption* **2008**, *14*, 621-628.
7. 藤田裕貴、伊田翔平、谷本智史、廣川能嗣　高分子学会予稿集 **2011**, *60,* 3781.
8. Kikuchi, A.; Okano, T. *Adv. Drug Deliv. Rev.* **2002**, *54*, 53-77.
9. Miyazaki, A.; Nakano, Y. *Langmuir* **2000**, *16*, 7109-7111.
10. 原田博之、伊田翔平、谷本智史、廣川能嗣　高分子ゲル研究討論会予稿集 **2013**, *24*, 95-96.
11. Terashima, T.; Kamigaito, M.; Baek, K.-Y.; Ando, T.; Sawamoto, M. *J. Am. Chem. Soc.* **2003**, *125*, 5288-5289.
12. Terashima, T.; Ouchi, M.; Ando, T.; Sawamoto, M. *Polym. J.* **2011**, *43*, 770-777.
13. Terashima, T.; Nomura, A.; Ito, M.; Ouchi, M.; Sawamoto, M. *Angew. Chem. Int. Ed.* **2011**, *50*, 7892-7895.
14. Kanaoka, S.; Yagi, N.; Fukuyama, Y.; Aoshima, S.; Tsunoyama, H.; Tsukuda, T.; Sakurai, H. *J. Am. Chem. Soc.* **2007**, *129*, 12060-12061.

第 7 章　サイズと構造

　本章ではゲルのサイズと構造について考えてみたい。まず大きさについて考えると、ゲルにもマクロからミクロを始め、最近ではナノまで様々なサイズがあり、微粒子化することによる応用検討も進められている。そこで、最初にゲルの機能化における微粒子化とはどのようなことかについて説明する。次に、これまで見てきたようにゲルの内部には三次元空間が存在しているが、その内部の構造はどのようになっているのか説明したい。

7.1　ミクロゲル

　第 2.1 節で述べたように、ゲルはサイズによっても分類される。一般的には、こんにゃくや豆腐のように、系全体がひとつの三次元網目であるようなマクロゲルと微粒子状のミクロゲルに分類される。さらに最近では、ナノメートルサイズのナノゲルも研究対象となってきている。このように、ゲルの

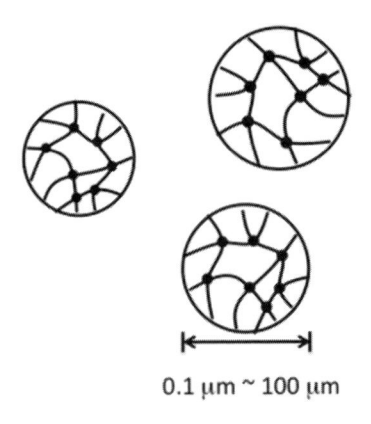

0.1 μm ~ 100 μm

図 7-1　ミクロゲル

サイズによる分類は系の流動性と関係していると思われ、マクロゲルは全く流動しないのに対して、ミクロゲルやナノゲルのように粒径が小さいと溶剤に分散すればあたかも溶液のように流動性を示す。通常「ゲル」と聞いてイメージされるものは前者のマクロゲルであり、系中に存在するすべての高分子が架橋によって繋がったものであり、目に見える巨大なひとつの分子と考えることができる。

　それではミクロゲルとはどのようなものであろうか。ミクロゲルとは、図7-1 に示すように、通常粒径が 0.1 μm〜100 μm 程度の粒子状のゲルのことを指す。ミクロゲルもマクロゲルと同じように架橋によって三次元網目を有している。したがって、ゲル特有の性質は持ち合わせているが、微粒子であるために溶媒に容易に分散し、溶液のように取り扱うことができる。図 7-2 には、N,N-ジエチルアクリルアミド（DEAAm）から得られたミクロゲルを水に分散させた状態を示した。マクロゲルとは異なり、分散液は流動性を示すが、ミクロゲル微粒子は溶解せずに均一に分散している様がおわかりいただけるだろう。

　ミクロゲルは微粒子状であることによって特有の性質を現す。刺激応答性を有するミクロゲルであれば、微粒子化によってゲルは小さくなりマクロゲルに比べて応答速度は飛躍的に速くなる。そして、マクロゲルと比べて体積あたりの表面積が大きいことから、物質の吸着など、ゲルの表面特性を際立

図 7-2　PDEAAm ミクロゲルの水分散液

たせることができる。ミクロゲルの応用のひとつとして、薬物を三次元網目の内部に取り込ませ、ミクロゲル粒子の移動しやすさを利用することによって薬物を患部へ直接投与するドラッグデリバリーシステム（DDS）がある。さらに、溶媒に分散でき塗布しやすいため、化粧品や塗料に含まれる増粘剤としてミクロゲルの実用化が進んでいる。

　ミクロゲルを得る最も簡単な方法はマクロゲルを砕いて微粉化する方法である。しかし、この方法では粒子サイズの分布も広く、必要な大きさのミクロゲルを得るには分級しなければならない。さらに、困ったことはふぞろいな粒子の形状である。球状の粒子を得ることは極めて困難であり、たとえ分級したとしても得られる粒子の形状は千差万別である。このことは、ミクロゲル粒子の機能や性質に大きな影響を与えると考えられる。

　粒子サイズが均一な単分散の球状ミクロゲルを得る最適な方法のひとつとして、沈殿重合や懸濁重合、乳化重合といった不均一重合が考えられる。沈殿重合は、溶媒に溶解するモノマーを用いて重合を行い、生成する高分子は分子量が増大したため溶媒に不溶化し相分離する性質を利用するものである。例えば、モノマーが水溶性の N-イソプロピルアクリルアミド（NIPAAm）を架橋剤存在下、水中で重合するとき、重合によって生成する PNIPAAm の相分離温度より高温に重合温度を設定する。このような系において、重合温度が高分子の相分離温度よりも高いため、重合によって生成する高分子は析出、相分離して凝集することにより比較的粒径のそろった高分子微粒子が得られる。この重合系において、架橋剤が共存するとき、得られる高分子微粒子は架橋されたミクロゲルとなる。

　一方、懸濁重合や乳化重合では溶媒である水にモノマーが溶解せず、モノマーが水中に分散した状態で重合が進行する。これら二つの重合系の違いは開始剤の溶解性であり、懸濁重合ではモノマーに可溶な開始剤を用いるのに対して、乳化重合では溶媒（多くの場合、水）に可溶な開始剤を用いることである。さらに、重合系での微小な液滴を安定化させるために、懸濁重合では分散安定剤、乳化重合では乳化安定剤を添加して重合を行うことも多い。安定剤を用いる必要のないソープフリー乳化重合も粒径が単分散のミクロゲルを得るのに適している。ソープフリー乳化重合では、イオン性の開始剤を

用いて粒子間の静電反発を引き起こすことによって粒子を分散安定化させたり、リビングラジカル重合を用いて親水性モノマーと疎水性モノマーのブロック共重合を行うことによって得られる生長種の界面活性能を利用したりすることによって粒径が単分散のミクロゲルを得ることができる。

　モノマーを重合すると同時に微粒子化してミクロゲルを合成する方法以外に、高分子溶液を用いて、高分子の自己集合によるミセル化を利用したミクロゲル合成も可能である。高分子鎖のひとつの分子が親水性ブロックと疎水性ブロックからなる両親媒性のブロック共重合体は、水中で自己集合しミセルを形成することができる。このミセルは層構造を有しており、内側（コア層）に疎水性ブロックが集合し、外側（シェル層）を親水性ブロックがカバーすることによって水中で分散安定化することとなる。このとき、ブロック共重合体の連鎖の中に架橋に用いる反応性部位を導入しておき、ブロック共重合体がミセルを形成した後に架橋を行うと、共有結合によって固定化された、種々の刺激に対して安定なミクロゲルを得ることができる。

　架橋にあずかる反応性部位を疎水性ブロックよりなるコア部分に導入する

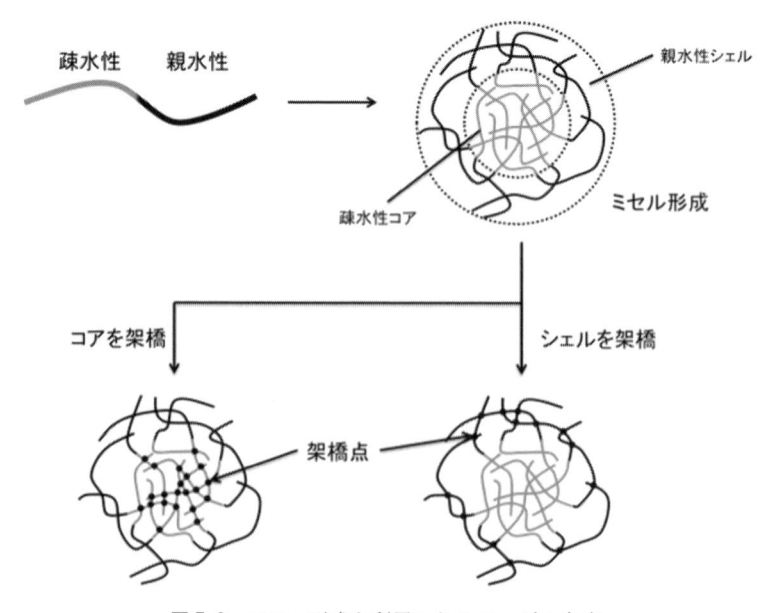

図 7-3　ミセル形成を利用したミクロゲル合成

か、親水性ブロックよりなるシェル部分に導入するかによって、図 7-3 に示すように、得られるミクロゲルの構造が変化する。このように架橋点を導入する位置を制御することによってミクロゲルに異なった機能性を付与することも可能である。例えば、疎水性ブロックと親水性ブロックよりなるブロック共重合体からミセルを形成させるとき、ブロック共重合体の界面活性能を利用して疎水性の薬物などを容易にコア中に導入させることが可能である。さらに、このミセル粒子内部の特定の層を架橋させることによって薬物内包カプセル（ミクロゲル）を得ることができる。このようなミクロゲルへ刺激応答性機能などを組み合わせることによって、DDS へのさらなる展開が期待される。

7.2 光をコントロールするゲル

第 4.8 節では、光を外部刺激として、ゲルが光に応答する系について述べたが、ここでは、光の制御にゲルを用いる系について述べる。カメレオンなどの生物が有する色素細胞の機能に着目し、刺激応答性ミクロゲルの内部に高濃度の顔料を分散させた調光材料が作製されている[1]。この調光材料では、図 7-4 に示すように、温度などの外的な刺激に応答してミクロゲルの粒子サイズが変化することによって、ミクロゲル中の顔料が空間に一様に分散したり、あるいは小さく凝集したりすることにより局所的な顔料濃度が変化する

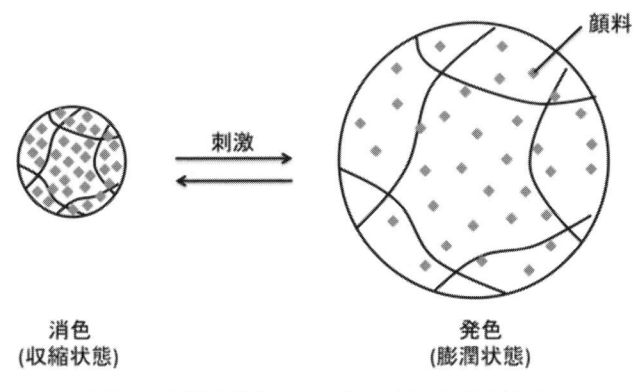

図 7-4 刺激応答性ミクロゲルを用いた調光材料

こととなる。その結果、顔料が空間に一様に分散した状態では、顔料と透過光が相互作用して顔料由来の色を示すこととなる。

一方、ミクロゲルが収縮した状態では、その中に含まれる顔料も小さな点となり、もはや透過光とは相互作用することなく、照射された光のまま透過することとなる。ミクロゲルの体積変化が可逆的であることから、調光作用も可逆的に起こり、ミクロゲルの体積変化に応答して発色と消色を繰り返すことができる。このような調光能を持つミクロゲルを応用し、図 7-5 に示すように、ガラス基板上にミクロゲルを塗布した調光ガラスの試作も行われている。

この調光ガラスは、外的な刺激に応答して系を着色させるのみならず、光の透過量を調節することができ、省エネ用材料とも考えられ興味が持たれている。温度応答性ミクロゲルを用いた調光ガラスは、ゲルが微粒子化されていることによって素早い応答ができることに加え、導入する顔料や色素によって色合いを自由に選択することができ、その広い自由度の観点から様々な利用環境での応用が期待される。

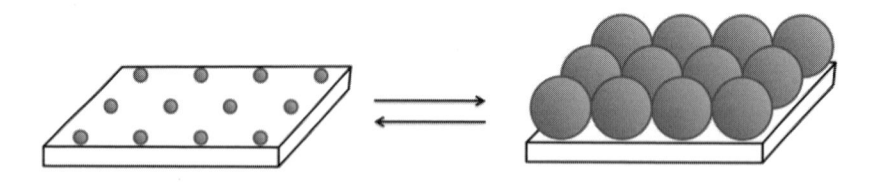

図 7-5　ミクロゲルによる調光ガラスの原理

ミクロゲルを使った調光材料として、顔料や色素を使った方法以外に、構造色を利用する方法がある。構造色とは、可視光の波長程度あるいはそれ以下の非常に小さな規則的構造により、入射する可視光が回折や干渉、散乱することによって発色する現象である。材料そのものが持つ微細な構造によって色づいて見えるため、色素や顔料のような化合物中の電子系と光との相互作用による発色のように、紫外線などによって脱色することがない。Hu らは、PNIPAAm ミクロゲルを三次元的に規則配列させることによって構造色を発現させた[2]。さらに興味深いことは、PNIPAAm ミクロゲルが温度応答性を示

すことを利用して、系の温度を変化させ色調が変化する「ゲルオパール」となることを示したことである。

ミクロゲルを用いる以外に、ゲル中に微細な規則的構造を導入することによっても、構造色を発現するゲルを得ることができる。ゲル中に導入される規則的な構造として用いられたのが、シリカ球状粒子を用いたコロイド結晶である。コロイド結晶とは電荷を持つシリカコロイド粒子が塩の水溶液中で静電相互作用により結晶構造を組んだ状態であり、その媒体としてモノマー溶液を流し込み、ゲル化を行うことによってゲルの内部にコロイド結晶の規則的な構造が閉じ込められた状態となる。

このような方法を用いて、山中らは、可視光の波長範囲と同様の長さのサブミクロンの周期構造を持つシリカコロイド結晶をポリアクリルアミドゲルの中に閉じ込めた[3]。このゲルに光を当てるとコロイド結晶の規則構造に基づいた昆虫の玉虫やモルフォチョウの羽のような金属光沢の構造色を示した。さらに興味深いことに、このゲルに力を加えてゲルを薄くすると色が変化した。ゲルの厚さと構造色の波長の関係を調べると、図7-6に示すようにゲルの厚さと現れる構造色の波長が相関し、ゲルが薄くなるにつれて発光する光の波長は短くなることが明らかとなった。このように、ゲルのマクロな変形とシリカコロイド結晶のサブミクロンの構造がよく相関していることを示している。

竹岡らは図7-7に示すように、コロイド結晶を閉じ込めた同様のゲルを調

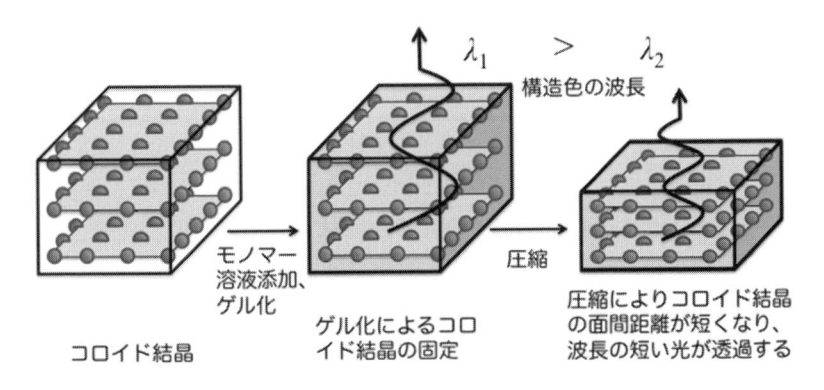

図7-6 シリカコロイド結晶のゲルによる固定化と構造色

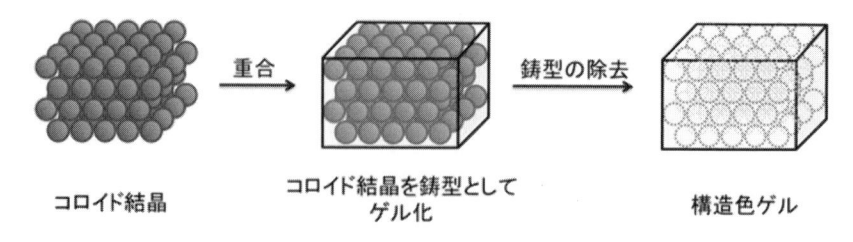

図 7-7 構造色ゲルの調製原理

製し、引き続いて、フッ化水素酸水溶液やアルカリ水溶液を用いてゲル中に閉じ込められているコロイド結晶を構成しているシリカ粒子を溶かし出すことにより、コロイド結晶に由来する微小な空間（空隙）が規則的に配列した構造を有するゲルを得た。このとき、シリカのコロイド結晶は、ゲルに規則的な構造を付与する鋳型として機能したことになる。このようにしてゲル中に導入された空隙の規則的な構造によって可視光の特定の波長の光が選択的に反射され、構造色を発現することとなる[4]。

ゲルに観察される色調はシリカコロイド結晶によって導入された空隙のサイズや空隙間距離に依存すると考えられる。このため、ゲル調製時に鋳型として用いるコロイド結晶のシリカ粒子サイズやシリカ粒子間距離を変化させることによって、得られるゲルの構造色の色調を変化させることができる。また、ゲルに導入された空隙の大きさや空隙間距離はゲルの膨潤度と相関している。このため、膨潤状態では空隙のサイズは大きくなり、さらに、空隙間距離は長くなると考えられることから、長波長の可視光を反射するのに対して、空隙サイズが小さく、空隙間距離が短くなる収縮状態では短波長の可視光を反射することとなる。

このことは、図7-8に示すように、外部刺激によってゲルの膨潤度を変化させることによって、ゲルが発現する構造色の色調を変化させることが可能である。いま、ゲルとして感温性を示すPNIPAAmゲルを用いると、ゲルが保持される温度に応じて膨潤度を変化させるため、ゲルの色調を変化させることが可能となると考えられる。

複数の刺激に応答するゲルの研究も推進されている。例えば、温度以外の刺激に応答するゲルを与えるモノマーと温度に応答するゲルを与えるモノマ

第7章　サイズと構造　　　　　　　　　　　　　　　　　　　*129*

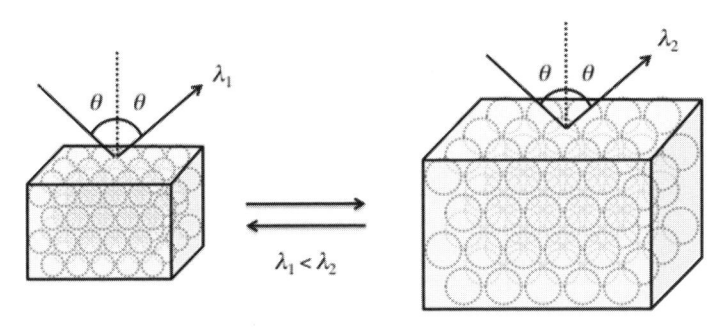

図7-8　刺激応答性構造色ゲル

一のNIPAAmとを組み合わせて用いることによって二つの刺激に応答して構造色を発現するゲルも得られている。図7-9（a）に示すように、光照射によってシス-トランス異性化するアゾベンゼンを導入したモノマーとNIPAAmとを用いることにより、温度のみならず光にも応答するゲルが得られる[5]。また、図7-9（b）に示すように、カリウムイオンを選択的に認識する18員環のクラウンエーテル（18-crown-6）をゲル網目鎖に導入することにより、カリウムイオン濃度によって色調を変化させるゲルが得られる[6]。このように、複数の刺激に応答する部位をゲルに導入することによって、外部環境に応じて色調を変化させるゲルを得ることができる。このようなゲルの応用のひとつとして、機能性センシング材料が考えられるなど、さらなる展開が期待される。

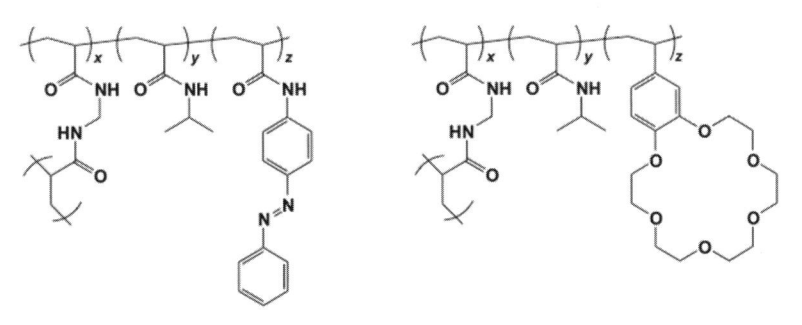

（a）温度/光応答　　　　　　　　　（b）温度/イオン応答

図7-9　二種類の刺激に応答するゲルの化学構造

7.3　ゲルの内部構造

　網目鎖は、架橋によってゲル中では三次元の網目を構築している。三次元の網目を考えると、すべての網目鎖が架橋点に結ばれて、架橋点間の分子量がすべて等しく、ひとつの架橋点の分岐数が同じであれば、均一な三次元網目（理想網目）となり、ゲルのどの部分を取っても網目鎖濃度は同じになる。しかし、現実のゲルでは、すべての網目鎖が架橋点に結ばれているわけではなく、また、架橋点間の分子量は分布を持ち、架橋点の分岐数も異なっている。

　このゲルの静的な不均一性は、第5章で説明したように、架橋点の空間的配置に分布があることを示している。この架橋点の空間的な分布に基づいて描かれる図がゲルの内部構造と考えられる。換言すれば、ゲルの内部構造とは、ゲルの静的な不均一性によって生じる三次元網目の濃度の濃淡が形作る形態である。このゲルの内部構造は、ゲルが示す性質と関係していると考えられることから、その内部構造を知ることは、ゲルを理解する上で大変重要である。

　ゲルの内部構造の測定に一般的に用いられる手法と対象とする構造の大きさの関係を図7-10に示した。ゲルの内部構造を分析する上で注意すべきことは、ゲルに閉じ込められている流体を含んだ状態でゲルを分析できるかである。顕微鏡による方法では、電子顕微鏡と光学顕微鏡が考えられる。電子顕

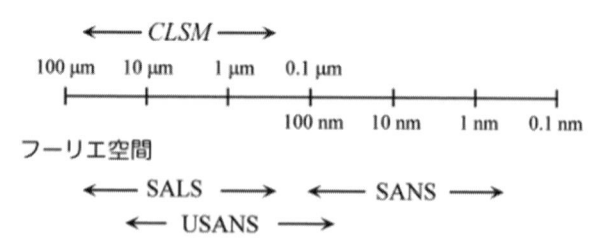

図7-10　構造解析手法と測定可能な構造の大きさの関係。CLSM：共焦点レーザー顕微鏡、SALS：小角光散乱、SANS：小角中性子散乱、USANS：超小角中性子散乱

微鏡では、測定環境は真空中であり、水などを含んだ状態のままゲルを観察することは困難であるため、サンプルを乾燥させることが必要である。このため、常に水を含んだゲルの状態との関係を考慮することが必要である。例えば、生の烏賊を観察した結果であるのか、烏賊を干したスルメを観察した結果であるのかの違いである。一方、光学顕微鏡は水を含んだゲルの状態で観察することが可能であるが、その分解能は 1 μm 程度であり、網目鎖 1 本のサイズまで観察することは無理である。その光学顕微鏡の中で、レーザー顕微鏡のひとつである共焦点レーザー顕微鏡（Confocal Laser Scanning Microscope: CLSM）は、ゲルの内部構造を観察する上で大変興味深い。

　CLSM は、図 7-11 に示したように、対物レンズのディテクター側の焦点上にピンホールを設置した共焦点の光学系を持つレーザー顕微鏡である。この共焦点の光学系を持つことにより光学深度が極めて薄くなり、その観察像は事実上サンプル側の焦点面上の平面像のみが観察されることになる。このことは CLSM でゲルを観察すると、ゲルの断層像が観察されることを意味している。すなわち、焦点面の上下の情報は含まれずに、焦点面上の情報のみが得られるわけである。人間の健康診断で使用される CT や MRI で得られる断層像と同様である。興味深いことは、CLSM によって観察される断層像を焦

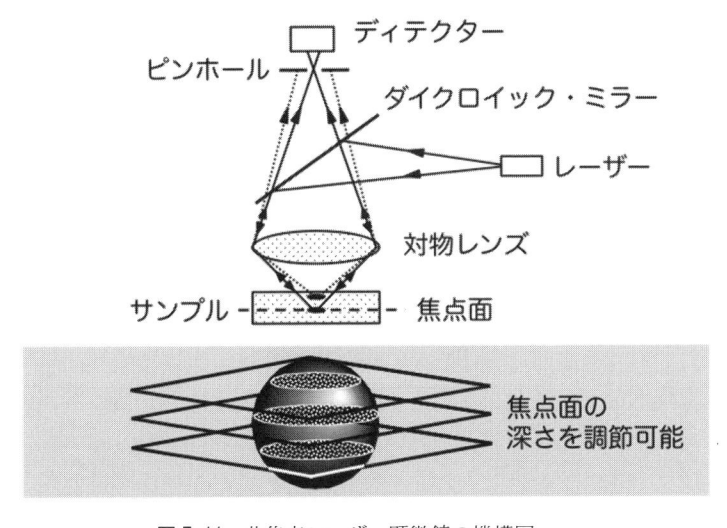

図 7.11　共焦点レーザー顕微鏡の機構図

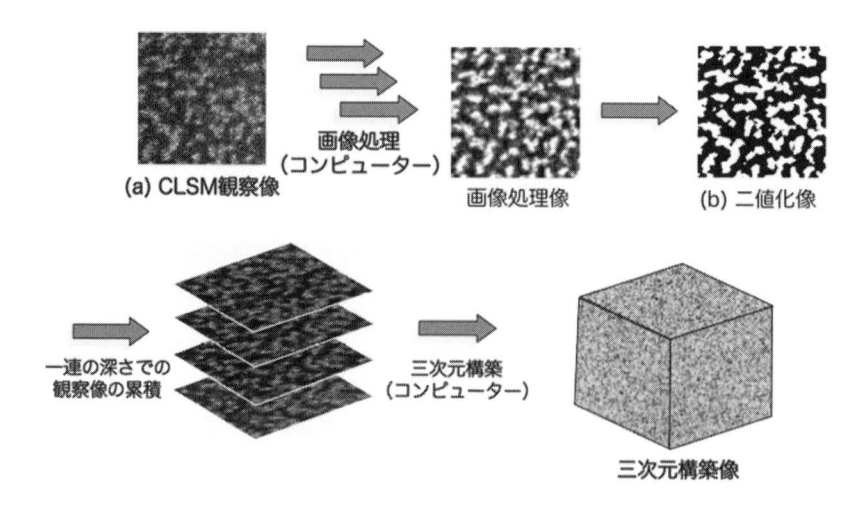

図7-12 CLSM観察像と観察像の三次元構築

点面のゲル中での深さを変えて撮影し、その情報をもとに三次元像を構築することによって、ゲルの内部構造の三次元像が明らかになることである。

このCLSMを用いて、水を溶媒として27℃で調製したPNIPAAmゲルを観察した像が、図7-12（a）である[7]。ゲル中の深さを変えて一連の断層像を撮影して、画像処理を行った後、二値化することにより図7-12（b）に示されたような白と黒で描かれた断層像を得る。この一連の画像処理は、これら一連の断層像を使って三次元構築像を得るためである。得られた三次元構築像を図7-13に示した。この三次元像は、観察に用いられたレーザー光の強度分布のみの情報である。したがって、レーザー光の強度分布はゲルの何を意味しているのかを明らかにすることが必要である。

そこで疎水性場でのみ蛍光を発する蛍光物質を用いてゲルの同じ位置の蛍光像を観察したところ、図7-13の明るく輝いている部分は疎水性ドメインであることが同定された。PNIPAAmの三次元網目と水より構成されているゲルの中に疎水性ドメインが見出されたことは、疎水性基を持つゲルの三次元網目の高濃度の領域が形成されたためと考えられる。一方、暗い部分は、親水性ドメインと考えられ、ゲルの三次元網目の濃度が低い領域にあたると考えられる。そして、疎水性ドメインと親水性ドメインは互いに相補的に共連

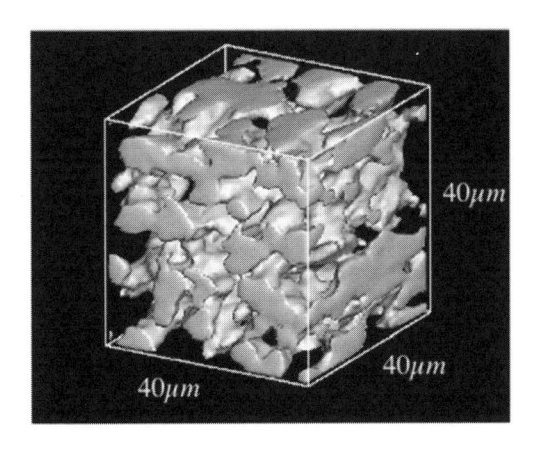

図 7-13　CLSM により観察した PNIPAAm ゲルの内部構造の三次元像

続構造を取っていることが三次元構築像より明らかとなった。

　顕微鏡では観察が困難なミクロンオーダーより小さな構造を観察するには、光散乱や中性子散乱などの散乱法が用いられ、ゲルが水を含んだ状態でゲルを破壊することなく測定することができるため、ゲルの内部構造の測定に向いている。その反面、散乱法によって得られる結果は、ある体積における平均的な構造についての情報であるため、できれば顕微鏡などの実空間観察も合わせて行うことが重要である。また、散乱法において、光散乱は不透明なゲルには不向きであり、X 線散乱法は、X 線が水に吸収されるため水を含んだヒドロゲルには不向きであるなどの制約がある。

　光散乱、小角中性子散乱、超小角中性子散乱を用いて、PNIPAAm ゲルの三次元網目の濃度が高い疎水性ドメインを分析した結果を示したのが、図 7-14 である[8]。図 7-14 に示すように、三次元網目の濃度の高い疎水性ドメインは、高度に架橋されたミクロゲルがルースな網目で結ばれた構造をしている。CLSM 観察の結果や散乱法で得られた結果をまとめて示したのが図 7-15 である。図 7-15 から明らかなように、PNIPAAm ゲルの内部構造は、階層的な構造をしている。この階層構造は、ゲルの生成機構と密接に関連しているものと考えられ、内部構造の生成機構がゲル化反応と関連付けて議論されている[9]。今後ゲルの内部構造の制御は、ゲルの機能性発現の点からも大きな課

題と考えられる。

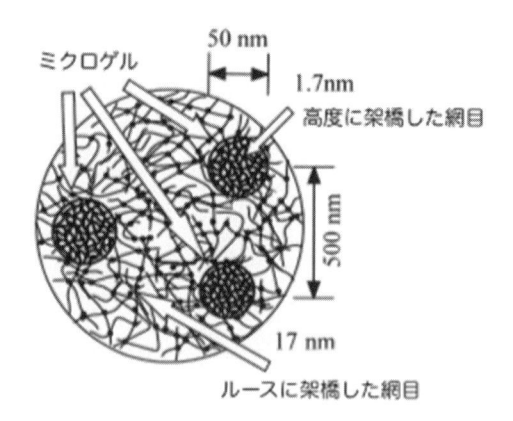

図 7-14　PNIPAAm ゲルの局所構造

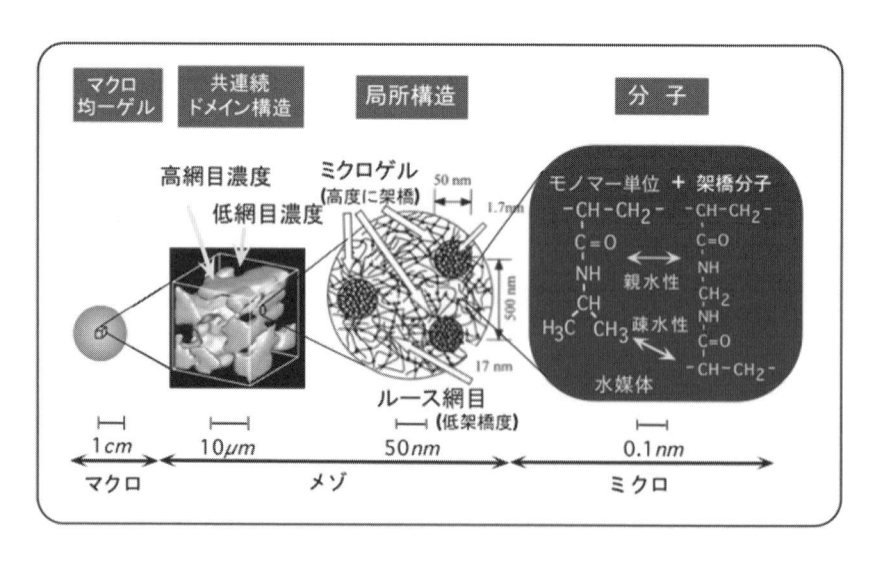

図 7-15　PNIPAAm ゲルの階層構造

参考文献

1. Akashi, R.; Tsutsui, H.; Komura, A. *Adv. Mater.* **2002**, *14*, 1808-1811.
2. Hu, Z.; Lu, X.; Gao, J. *Adv. Mater.* **2001**, *13*, 1708-1712.
3. Iwayama, Y.; Yamanaka, J.; Takiguchi, Y.; Takasaka, M.; Ito, K.; Shinohara, T.; Sawada, T.; Yonese, M. *Langmuir* **2003**, *19*, 977-980.
4. Takeoka, Y.; Watanabe, M. *Langmuir* **2002**, *18*, 5977-5980.
5. Matsubara, K.; Watanabe, M.; Takeoka, Y. *Angew. Chem. Int. Ed.* **2007**, *46*, 1688-1692.
6. Saito, H.; Takeoka, Y.; Watanabe, M. *Chem. Commun.* **2003**, 2126-2127.
7. Hirokawa, Y.; Jinnai, H.; Nishikawa, Y.; Okamoto, T.; Hashimoto, T. *Macromolecules* **1999**, *32*, 7093-7099.
8. Hirokawa, Y.; Okamoto, T.; Kimishima, K.; Jinnai, H.; Koizumi, S.; Aizawa, K.; Hashimoto, T. *Macromolecules* **2008**, *41*, 8210-8219.
9. Park, Y.; Hashimoto, C.; Hashimoto, T.; Hirokawa, Y.; Jung, Y.-M.; Ozaki, Y. *Macromolecules* **2013**, *46,* 3587-3602.

あとがき

　このたび、米田出版の米田忠史氏からのお誘いを受けて、ゲルについての本書を、伊田翔平博士と一緒に執筆させていただき、出版することができましたことは私にとりまして大きな喜びです。その間に折に触れて米田氏からいただいた暖かい励ましなくしては、本書は日の目を見ることはできなかったと思います。ここにて心より感謝申し上げます。

　さて、現在は、ゲルに興味を持ち研究の対象としていますが、そもそも私の研究者としてのルーツは、大学時代東村敏延先生のご指導を受けて、高分子合成の勉強をしたことに始まります。

　そして、このような私とゲルとの出会いは、今から32年前に遡ります。それは、当時勤務していた会社から、米国東海岸マサチューセッツ州ケンブリッジ市にあるMITの田中豊一教授の研究室に派遣されたことに始まります。1982年秋から3年間、田中豊一教授のご指導の下、ゲルの相転移の研究を行いました。このときに見出したのが、現在まで私のゲル研究の原点となっている純水中で温度変化により不連続な体積変化を示すポリ(N-イソプロピルアクリルアミド)ゲルであります。

　その後、再びゲル研究を精力的に行ったのは、1993年から5年間推進された当時の新技術事業団(現在の科学技術振興機構)のERATO「橋本相分離構造プロジェクト」においてであります。このプロジェクトでは総括責任者橋本竹治教授の指揮の下、私はゲルの内部構造の研究についてご指導いただきました。また、2001年から7年あまり、東京工業大学中野義夫教授の研究室にお世話になり、ゲルの応用研究を行いました。いろいろな分野についてその道の大家に直接ご指導を受けたことは、ゲルを多面的に眺めることの重要性を会得することとなり、私にとりましてこの上ない幸せであり、この本を著すことのできた原動であります。

　2008年秋に滋賀県立大学に縁あって着任し高分子機能設計分野を担当す

ることとなりました。そこで、既に在籍されていた谷本智史准教授の協力を得て、改めてゲル研究に取り組み始めました。そこへ伊田翔平博士が助教として加わり、現在新たなゲル研究を展開しています。このような中で、本書の執筆は私にとりましてまたとない勉強の機会であり喜んでお引き受けすることとしたわけです。

　原稿は遅々として進みませんでした。それは分不相応な総花的な本を作ろうとすることが原因と悟り、執筆方針を変更することとしました。それは、ゲルについてわれわれがどのように理解し考えているのか、また、どのようなことに興味があるのかについて書くことです。そこで、強調したかったことは、ゲル化の反応機構と生成する三次元網目構造の関係、また、その三次元網目がどのような機能、刺激応答を示すのかについてであります。さらに、それらは有機化学、高分子化学、高分子物理学、分析化学、化学工学など多岐に渡るサイエンスがベースとなっていることであります。

　しかし、内容的に理解不足や独断と偏見がないとも限りません。これらはひとえに私一人の責任です。本書をお読みいただき、読者の皆様が感じられた疑問を始め、いろいろなご批評をぜひお聞かせいただければと願っています。

　末筆ですが、これまで一緒にゲルの研究を支えてきてくれた研究室の学生諸氏をはじめ、折に触れて議論していただいた多くの方々に厚くお礼を申し上げます。

　平成 26 年 1 月

廣川能嗣

略語インデックス

AIBN：アゾビスイソブチロニトリル
APS：過硫酸アンモニウム
ATRP：原子移動ラジカル重合
BPA：ビスフェノール-A
BPO：過酸化ベンゾイル
BZ 反応：Belousov-Zhabotinsky 反応
CD：シクロデキストリン
CLSM：共焦点レーザー顕微鏡
DDS：ドラッグデリバリーシステム
DMSO：ジメチルスルホキシド
DN ゲル：ダブルネットワークゲル
EGDMA：エチレングリコールジメタクリレート
IPN ゲル：相互貫入網目ゲル
LCST：下限臨界共溶温度
MBAAm：N,N'-メチレンビスアクリルアミド
NC ゲル：ナノコンポジットゲル
NMR：核磁気共鳴
PAAm：ポリアクリルアミド
PAMPS：ポリ（2-アクリルアミド-2-メチル-1-プロパンスルホン酸）
PDEAAm：ポリ（N,N-ジエチルアクリルアミド）
PDMAAm：ポリ（N,N-ジメチルアクリルアミド）
PEG：ポリエチレングリコール
PEMAAm：ポリ（N,N-エチルメチルアクリルアミド）
PMDP：ポリ[2-（メタクリロイルオキシ）デシルホスフェート]
PMVE：ポリメチルビニルエーテル

PNBAAm：ポリ（*N-n-*ブチルアクリルアミド）
PNIPAAm：ポリ（*N-*イソプロピルアクリルアミド）
PNPAAm：ポリ（*N-n-*プロピルアクリルアミド）
POEGMA：ポリ（オリゴエチレングリコールメタクリレート）
POEGVE：ポリ（オリゴエチレングリコールビニルエーテル）
RAFT重合：可逆的付加–開裂連鎖移動重合
TMEDA：テトラメチルエチレンジアミン
UCST：上限臨界共溶温度

事項索引

AIBN 64
APS 64
ATRP 73

Belousov-Zhabotinsky 反応 43
BPO 64
BZ 反応 43

CLSM 131

Diels-Alder 環化反応 78
DNA 28,47
DN（Double Network）ゲル 23,92

EGDMA 64

Flory 22
Flory-Huggins の式 101

IPN 92

LCST 30,67

MBAAm 64

NC（Nano-composite）ゲル 23,89

PAMPS 92
PEG 38
pH 応答性ゲル 47
PNIPAAm 33,34,36,38,46,66,113,128,132

RAFT 重合 73,81

Staudinger 21

Tetra-PEG ゲル 23,94
TMEDA 65

UCST 30,114

X 線解析 20
X 線散乱法 133

【あ行】

アガロース 47
アクアマテリアル 90
アクチュエータ 33,45,47
アジド-アルキン環化反応 78
アゾビスイソブチロニトリル 64
アゾベンゼン 51,129
後架橋法 55,75
アニオン重合 56,69
アミド基 32,38
アルギン酸 83

イオン液体 112
イオン解離基 11,48,49,105
イオン結合 13,53,82
イオン交換樹脂 24
鋳型 96
イニファータ重合 72
イミダゾリウム塩 112
インプリントゲル 95

エチレングリコールジメタクリレート 64
エンタルピー 103
エントロピー 103
エントロピー弾性 103

応答温度 38,43
オルガノゲル 14,99
温度応答性ゲル 29,33,34,36,38

【か行】

回帰的体積相転移 46
開始剤 64
開始反応 58,69
階層構造 133
界面活性剤 20,37
化学ゲル 12,53,55
可逆的付加-開裂連鎖移動重合 73
架橋剤 74,76
拡散係数 111
下限臨界共溶温度 30
過酸化ベンゾイル 64
数平均分子量 70
カチオン重合 56,69
滑車効果 88
活性エステル 78,94
活性種 71
カテーテル 50
可動架橋点 86
絡み合い 13,54
過硫酸アンモニウム 64
過硫酸塩 64
感温性ゲル 30,80
換算温度 107
環動ゲル 14,23,85

犠牲結合 93
キセロゲル 14,99
休止種 71
吸着 115
共架橋 79
共重合 39,55,79
共焦点レーザー顕微鏡 131
共存曲線 107,111
共有結合 12,53,55
共連続構造 132
均一網目 65
金属微粒子 116

くし型高分子 73
クラウンエーテル 85,129
グラフトゲル 36,59
クリックケミストリー 77
クレイ 89

ケモメカニカル材料 47
ゲルオパール 127
ゲルの状態方程式 106
原子移動ラジカル重合法 73
懸濁重合 123
顕微鏡 130

光学顕微鏡 131
高吸水性樹脂 4,29
交互共重合体 61
合成ゲル 10,28,55
構造色 126
抗体 96
コハク酸エステル 79
ゴム弾性 33,47,101
コラーゲン 48
コレクティブな拡散 36,111
コロイド 5

コロイド結晶　*127*
混合エントロピー　*47,105*
コンフォメーション　*102*

【さ行】

再結合　*59,72*
細胞シート　*35*
散乱法　*133*

シクロデキストリン　*85*
刺激応答性ゲル　*29,45*
刺激応答性材料　*23*
自己修復性　*81*
ジビニル化合物　*15,55,63,77*
自由エネルギー　*107*
収縮状態　*30*
自由度　*101*
重量平均分子量　*70*
樹状高分子　*90*
準安定状態　*108*
腫瘍マーカー　*96*
小角中性子散乱　*133*
上限臨界共溶温度　*30*
状態方程式　*23*
触媒　*118*
シリカゲル　*99*
シリカコロイド　*127*
自励振動ゲル　*43*
浸透圧　*47,100,110*

水素結合　*13,31,53,82*
水和　*31,32*
スキン層　*34*
スピノーダル曲線　*108*
スピノーダル領域　*111*

生体分子架橋ゲル　*96*
生長反応　*58,69*
静的な不均一性　*16,130*
ゼラチン　*47*
セルロース　*20*
遷移金属錯体触媒　*73*
前駆体高分子　*77*

相互貫入網目ゲル　*92*
相互貫入網目　*23*
相図　*23,106,110*
相転移温度　*67*
相分離　*17,67,123*
ソープフリー乳化重合　*123*
疎水性相互作用　*13,33*
ソフトアクチュエータ　*33,50*
ソフトコンタクトレンズ　*24,29*
ゾル・ゲル転移　*13,82*

【た行】

体積相転移　*22,46,109*
脱水和　*32*
多糖類　*28*
田中豊一　*22*
ダブルネットワークゲル　*92*
ダングリング鎖　*15,100*
弾性率　*111*
タンパク質　*28*

チオール　*59*
チオール-エン反応　*78*
中性子散乱　*133*
調光材料　*125*
超小角中性子散乱　*133*
沈殿重合　*123*

停止反応　58,69
テトラ-ポリエチレングリコールゲル　94
テトラメチルエチレンジアミン　65
電子顕微鏡　130
デンドリマー　90
天然ゲル　10,27,54,83
天然・合成ハイブリッドゲル　11
天然・合成複合ゲル　11
電場応答性ゲル　49

動的な不均一性　16
トポロジカル架橋点　13
トポロジカルゲル　53,85
ドラッグデリバリーシステム　116,123
トリフェニルメタンロイコ体　51

【な行】

内部構造　130
ナノゲル　9
ナノコンポジットゲル　89

ニトロキサイドラジカル　73
乳化重合　123

粘土鉱物　89

【は行】

配位結合　83
白濁　66
反応場　116

光応答性ゲル　51
光散乱　133
非共有結合　53
ビスフェノール-A　115

ヒドロゲル　14,99
ヒドロゲルコンポジット　48
ビニル系高分子　55
ビニルモノマー　55
ピリジニウム塩　112

ファン・デル・ワールス力　20
付加重合　56
付加反応　62
不均一網目　65
不均一重合　123
不均一性　15,66
不均化　59
物理ゲル　13,53,82
フリーラジカル重合　73
ブロック共重合体　61,73,124
分子認識　95
分子のり　91
分子量分布　70

膨潤・収縮速度　36
膨潤状態　30
膨潤度　31,39,99,100
星型高分子　73,94,118
星型高分子触媒　119
ポリアクリルアミド　23,46,92
ポリ（2-アクリルアミド-2-メチル-1-プロパンスルホン酸）　92
ポリアクリルアミド誘導体　38
ポリアリルアミン　48
ポリアクリル酸　29,48,82
ポリアクリル酸ナトリウム　49
ポリ（N-イソプロピルアクリルアミド）　23,31
ポリ（N,N-エチルメチルアクリルアミド）　39
ポリエチレングリコール　31,55,85

ポリ(オリゴエチレングリコールビニルエーテル) 31
ポリ(オリゴエチレングリコールメタクリレート) 31
ポリ(N,N-ジエチルアクリルアミド) 39
ポリ(N,N-ジエチルアクリルアミド) 39, 117
ポリ(N,N-ジメチルアクリルアミド) 38
ポリ(N-n-ブチルアクリルアミド) 38
ポリ(N-n-プロピルアクリルアミド) 38
ポリヒドロキシエチルメタクリレート 29
ポリビニルアルコール 48,76,83
ポリ[2-(メタクリロイルオキシ)デシルホスフェート] 37
ポリ(メチルビニルエーテル) 31
ポリロタキサン 85

【ま行】

マクスウェルのループ 107
マクロゲル 9,121
マクロモノマー 59
摩擦係数 111
末端機能性高分子 73

ミクロゲル 9,75,118,121
ミクロ相分離 108,111

ミセル 20,37
ミセル化 124

無機ゲル 10,27

N,N'-メチレンビスアクリルアミド 64

【や行】

有機ゲル 10,27
有機・無機ハイブリッドゲル 11,27
有機・無機複合ゲル 11

【ら行】

ラジカル重合 56,69
ランダム共重合体 61

理想網目 65,94
リビング重合 69
リビングラジカル重合 69

ルテニウム錯体 43,118

レクチン 96
連鎖移動反応 58,69

ロタキサン構造 54

〈著者略歴〉

廣川能嗣

1974年京都大学工学部高分子化学科卒業。1976年京都大学大学院工学研究科高分子化学専攻修士課程修了、1979年同博士課程単位取得退学。同年日本ゼオン株式会社入社、研究員、研究室長、研究企画管理部長ほか歴任、2008年日本ゼオン株式会社退社。その間、1982–1985年マサチューセッツ工科大学客員研究員、1993–1999年新技術事業団橋本相分離構造プロジェクト技術参事、2000–2008年東京工業大学連携教授。2008年滋賀県立大学工学部教授、2013年同大学工学部長。現在に至る。博士（工学）(1979年取得)

伊田翔平

2006年京都大学工学部工業化学科卒業。2011年京都大学大学院工学研究科高分子化学専攻博士後期課程修了。2011年滋賀県立大学工学部材料科学科助教。現在に至る。博士（工学）(2011年取得)

機能性ゲルとその応用

2014年2月21日　初　版

著　者	廣　川　能　嗣
	伊　田　翔　平
発行者	米　田　忠　史
発行所	米　田　出　版
	〒272-0103　千葉県市川市本行徳31-5
	電話　047-356-8594
発売所	産業図書株式会社
	〒102-0072　東京都千代田区飯田橋2-11-3
	電話　03-3261-7821

© Yoshitsugu Hirokawa
　Shohei Ida　　2014　　　　　　　中央印刷・山崎製本所

JCOPY ＜(社)出版者著作権管理機構　委託出版物＞

本書の無断複写は著作権法上での例外を除き禁じられています。複写される場合は、そのつど事前に、(社)出版者著作権管理機構（電話 03-3513-6969、FAX 03-3513-6979、e-mail : info@jcopy.or.jp）の許諾を得てください。

ISBN978-4-946553-55-4　C3043